陸の深海生物

日本の地下に住む生き物

陸にもあった!? 深海生物の世界

　2010年辺りを境に、日本では「深海生物」がブームだ。漆黒の海底には、今なお知られざる珍妙な生物が数多潜む。若い女性らを中心に、一時期熱狂的なまでに話題をかっさらったダイオウグソクムシ。深海鮫ラブカは、そのおぞましいまでのインパクトから、映画「シン・ゴジラ」[※1]のモデルにもなったとかならないとか。丸腰では行けぬ深海は、まるで宇宙のような未知の領域ゆえ、そこに暮らす那由多の生物に対し、我々はまさに宇宙人に対するそれに似た恐怖心と好奇心を抱くのだ。だが、暗黒の世界は人間の居住区域から遠い海だけのものではない。我々が今立つその場所の地下にも、目くるめく奇怪な生物の世界が広がるのだ。

　地下は、ただ土が詰まっただけの場所ではない。無数の

※1：言わずと知れた、2016年公開の怪獣映画。東京湾から突如出現し、東京市街に上陸した謎の巨大生物と、その侵攻を防ごうとする政府機関との攻防を描く。

亀裂が走り、そこに挟まりつつ生きるものたちが沢山生息する。暗黒生活に適応した彼らは、視覚の代わりに周囲の状況を鋭敏に察知するセンサーを搭載した、まさに「陸の深海生物」と呼ぶに値する連中だが、彼らは本物の深海生物に比べて、あまりにも小さい。特に日本ではその種数の豊富さにも関わらず、これまで一般向けの書籍でまとまって紹介されることもほとんどなかった。ゆえに彼らは一部の好事家にしかその存在を知られぬまま、我々の日常生活の傍らで滅びへの道を歩みつつあるのが現状だ。

　本書は、そんな不思議な生物たちを紹介し、一人でも多くの人々にその美しさ、学術的な魅力、そして存亡にかかわる脅威について知ってもらうために作られた。我々の認知する世界の裏側にある平行世界。今、その世界への片道切符があなたに。

※本書は、日本の地下空隙に生息する生物（節足動物、扁形動物、軟体動物）のうち、代表的な種の生態写真を収録したものである。いずれも、眼が退化する等の地下生活適応を、多少とも示す種を中心に収録した。あくまでも本書は写真集であり、生物種の識別を目的とした検索図鑑ではない。
各種においては体サイズや分布域、簡単な生態の解説を含めた。ただし、わが国における地下性生物の研究は多大に発展途上で、種名すらない生物（あるいは同定困難な種）も多く、必然的に種名不確定のまま掲載した種が多いことを断っておきたい。また、彼らの中には近年の目に余る環境破壊により、絶滅の危機に瀕する種が少なくない。これらに関しては、環境省ないし各都道府県版レッドリストへの掲載状況を記した。

※多くの地下性生物には、「メクラ〇〇」という和名（標準和名）が慣習的につけられてきた。近年これを差別的だとして、博物館展示や新聞等でこの手の生物を、勝手に「メクラ」を除いた名で紹介する事例が散見される。しかし、生物の和名はそれ自体が一つの固有名詞だ。発信者が個人の裁量で、都合悪いと判断した単語を勝手に抜き差ししてよい性質のものではないという著者の信念に基づき、本書ではそのままの名を使用した。

キョウトメクラヨコエビの死体を摂食する
カントウイドウズムシ(?)
東日本某所の井戸で得た。

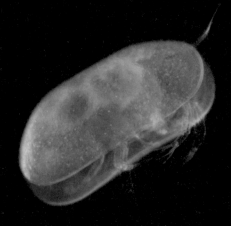

貝虫類の一種

東京都中野区の井戸で得た。この甲殻類には
ドウクツカイミジンコ属 *Cavernocypris* 等の
地下水性種が含まれる。

イワタチカヨコエビ
Eoniphargus iwataorum SHINTANI,
LEE & TOMIKAWA

栃木県の河川伏流水から得た。
2022年に新種記載された種。

ツチカニムシの一種
徳島県の石灰岩洞窟の中で見つけた。

目次

節足動物門

地下の暗闇に生きるものたち

　地下世界といえば「洞窟」が真っ先に思い浮かぶ人も少なくはないだろう。古より、洞窟の内部にはおよそにわかには理解しがたいような風貌の生物が数多生息すること、そしてそれら生物種は大抵が特定地域の洞窟内でしか見られない様相を呈することが知られてきた。それゆえ、昔の研究者はこれらを「洞窟内に特異的に生息する生物」であるとみなしていた。

‖ 地下生活に究極に特化した「真洞窟性生物」

　洞窟内に見られる生物は、そのスペックにより 3 〜 4 つのカテゴリに大別できる。 一つ目は、地下生活に究極に特化した、正真正銘の洞窟生物（真洞窟性生物）である。自発的に地上へ出てくることのないこうした生物たちは、分類群の垣根を越えておおむね共通した形態的特徴（眼が退化する、皮膚が薄くて体の色素が薄い、触角や脚が異様に細長い）をもつ。

　暗黒の元で暮らすのに視力は不要なので、眼が退化するのは当然であろう。細胞を傷つける有害な紫外線にさらされることもないため、光線を吸収する皮膚の色素も必要ない。だから、洞窟の生き物には体が目の覚めるような純白だったり、真紅だったりするものがざらにいる。通常、そんな目立つ体色をしている生物など、すぐ捕食動物に見つかって食われてしまいそうなものだが、そこは地下世界。何しろ、光がまったく差し込まず、感光紙[1]を数日間放

※1 光に反応する薬品を塗布した紙。光が当たった部分は黒くなる。写真の焼き付けなどに用いられる。

◀ 四国の山中で、沢の源流を30cmほど掘り下げたさま。石ころ同士の隙間が多く、洞窟のようだ。

◀ 熊本県球磨村にある縦穴洞窟「球泉洞」内部の鍾乳石。これだけ伸びるのに、幾星霜の時を経たか。

◀ 地下水性ミズムシの一種 *Asellus* sp.。茨城県の井戸からくみ出された個体。この甲殻類の仲間は、洞窟内のたまり水や井戸水の中から見出される。色素がなく、眼も退化するため「真洞窟性生物」の範疇に入る。

置しておいても一切感光しないほどの環境だ。よって、視覚で獲物を探知する捕食動物が存在できない世界であるため、かような目立つ色彩の生き物が淘汰されずに生き残っていられるわけである。皮膚が薄くて柔軟な体は、狭い地下の空隙をくぐり抜けるのには好都合だ。そして、暗黒下では視力の代わりに長い触角や脚を装備していたほうが、周囲の状況を感知したり起伏に富む深い縦穴の壁面を這い回るには役立つ。

　地下性甲虫の場合、これらの特徴に加えて、地下性傾向がより強い種ほど体型がヒョウタンのようにくびれ、体高が盛り上がるという形態的適応※2（専門的にはアファエノプソイド aphaenopsoid と呼ばれる）が見られる。これは、腹部の背面にお椀状に変形した鞘翅（しょうし）がかぶさっているような状態であり、つまり腹部と鞘翅との間に空間ができているのだ。地下は湿度がとても高く、あらゆる物が結露する。こんなところに通常の形をした地上性甲虫がいようものなら、たちまち腹部と鞘翅の間に水がたまり、結果として腹部にある気門（昆虫が呼吸するための器官）が水でふさがって、陸にいながらおぼれてしまう。無駄を極力削り、必要最小限のものだけを究極に研ぎ澄ませた生物の極致、それが彼ら、真洞窟性生物である。

好んで洞窟内で暮らす「好洞窟性生物」

　二つ目は、洞窟内に好んで生息しているものの、絶対に洞窟内に生息することが生存の必須条件という訳ではない生物（好洞窟性生物）である。例えば、多くのカマドウマ

※2 生物がその生息環境に対して、より生き残り子孫を残しやすい形態に変化していくこと。あるいはそうなったさま。

類、リュウガヤスデと呼ばれるヤスデ類の場合、明らかに
洞窟内に依存した生息の様相を呈しているが、これらは洞
窟の外でも姿を見かける。また、眼が退化したり極端に体
の色素を失っているといった、典型的な真洞窟性生物にあ
りがちな形態的特徴もあまりもたない。洞窟内と同程度に
地上をも出歩く生活をしているため、視力や紫外線に対す
る耐性を完全に失う訳にはいかないのだろう。

◀ アカゴウマ。四国西部の洞窟
内部に多く生息するカマドウ
マの1種。日本産カマドウマ
類としては一番地下を好む傾
向の強い部類だが、洞外にも
出現し、複眼は退化しない。
「好洞窟性生物」の範疇に入る。

洞窟と外界を行き来する「周期性洞穴性生物」

　これと似ているようで違うのが、コウモリである。コウ
モリが洞窟に生息しているなどということは、誰でも知っ
ている事実である。しかし、コウモリは夜になると洞窟を
飛び出し、外で餌を捕る。つまり、洞窟は休んだり子を産
み育てるのに使う拠点ではあるものの、食事は外に出て行
わねばならないのだ。だから、（冬眠時期は除いて）コウ
モリは毎日夜間になると、必ず洞外へ出て活動し、翌朝ま
でには再び洞に戻る。このように周期的に洞窟と外界を往

復するタイプの生物を周期性洞穴性生物と呼ぶ。

たまたま洞窟へ紛れ込んできた「迷洞窟性生物」

　最後が、たまたま地上から地下に紛れ込んできたような生物（迷洞窟性生物）。これはあくまでも偶然洞窟に迷い込んできたようなもののため、じきに再び地上へ戻るか、さもなくば暗黒下で生きていく術もないのでそのまま死ぬ。

　福岡県にある石灰岩洞窟の牡鹿洞[※3]は、深さ30mあまりの垂直の縦穴となっており、穴の底では古い時代に滑落したシカやゾウ、カワウソといった動物たちの成れの果てである骨がたくさん見つかっている。こうした動物が、このカテゴリの範疇になるだろう。しかし、最近では真・好・迷の別なく「洞窟性」という言葉は、あまり意味をなさなくなりつつある。

※3 福岡県北九州市にあるカルスト台地・平尾台の中に位置する。周辺にはこのほか、千仏洞や目白洞など複数の洞窟が知られる。

◀ コキクガシラコウモリ*Rhinolophus cornutus* TEMMINCK。長崎県にある、観光地化された砂岩洞窟内で見つけた個体。

◀ ツマグロアカバハネカクシ *Hesperus tiro* (SHARP)。地表でごく普通に見られる昆虫で、明らかに地下性ではないのだが、なぜか地下数十cmの砂礫間隙中からしばしばとまって出て来る。「迷洞窟性生物」の範疇になると思われるが、偶然ではなく能動的に地下へ入ってきている雰囲気のため、微妙なところ。

節足動物門 Arthropoda

昆虫綱 Insecta

甲虫目 Coleoptera | オサムシ科 Carabidae | チビゴミムシ亜科 Trechinae
（チビゴミムシ族 Trechini）

　日本に生息する地下性生物の代表格と呼んでも差し支えないであろう、小型の甲虫類。地上で生活し、複眼と飛ぶための後翅をもつ種もいるが、少なくとも国内では地下生活に適応して複眼や後翅の退化した種が大半を占める。日本国内だけで400種以上が記録されているほか、毎年のように新種が各地で出ているため、最終的な種数はまだ不明である。四国において種分化の程度が特に著しく、属レベルで固有のもの、1属1種のもの（分類学上、似た種がほかに存在しない）も多数含まれる。地下性種だけを見ても、種により痕跡程度の複眼を残すものもいれば、そぎ落としたようにない種もいる。

環境省
レッドリスト
準
絶滅危惧

都道府県
レッドリスト
神奈川県
京都府
愛媛県
ほか多数

イソチビゴミムシ
Thalassoduvalius masidai S. UÉNO

体長3.9-5.0mm。イソチビゴミムシ属 *Thalassoduvalius* は本州から九州にかけて分布し、1種のみで構成される。地域により3亜種に分かれる。関東から伊豆諸島にイズイソチビゴミムシ *T. masidai pacificus* S. UÉNO、四国からナンカイイソチビゴミムシ *T. masidai kurosai* S. UÉNO、それ以外の本州から九州にかけてイソチビゴミムシ *T. masidai masidai* S. UÉNO が見られる。複眼はあるが小さく、後翅は退化する。

本種の生息環境は特殊で、切り立った崖が波打ち際すぐに迫る、玉砂利の堆積した海岸にのみ見られ、地下数十cmの礫の隙間に生息する。しかも、崖から真水がしみ出てきて海へと流れ出ている場所にしかおらず、生息条件がかなり厳しい。この虫を採るには、掘れば崩れる玉砂利の地面をひたすら掘らねばならず、大変な重労働を強いられる。写真は島根県で撮影された個体。

スリカミメクラチビゴミムシ
Trechiama oopterus S. UÉNO

環境省
レッドリスト
絶滅危惧
ⅠB類

都道府県
レッドリスト
福島県

体長 5.0~5.5mm。福島県を流れる、摺上川上流の地下浅層に生息する。この虫が最初に見つかった場所は、広域がその後のダム建設によって水没してしまった。その後、水没せずに済んだ近隣のエリアで生き残っているのが確認されている。

本種のすぐ傍には、別種モニワメクラチビゴミムシ *T. paucisaeta* S. UÉNO et NISHIKAWA の産地があるが、両者は共存せず住み分けている。モニワメクラもスリカミ同様、環境省レッドリスト ⅠB、都道府県レッドリスト福島県。（原有助氏採集）

ズンドウメクラチビゴミムシ
Trechiama kuzunetsovi
S. UÉNO et LAFER

ナガチビゴミムシ属 *Trechiama* は、チビゴミムシ亜科としては国内で一番広い分布域をもつ仲間であり、北は北海道から南は九州（北部）までを牛耳っている。その種数も、国内で知られるチビゴミムシ亜科内の属中で一番多く、完全に複眼の退化した地下性種から、ちゃんとした複眼をもつ地表性種までを含んでいる。

本種は体長 5.8-5.8mm。北海道中西部の限られたエリアでのみ見られる仲間で、体幅が比較的広い。山間部の川べりで、風化した岩石からなる土手を壊すとときどき見つかる。外見のよく似た種が複数存在するが、分類がまだ定まらないようである。しばしば名前がひどい生物として、インターネット上で晒されることがあるが、そのように面白半分に茶化して紹介する行為のほうがよほどこの生物を愚弄していると、私は思う。

オオアナメクラチビゴミムシ
Trechiama cordicollis S. UÉNO

体長 4.5-5.0mm。福島県北部の山中にある、石灰岩洞窟から見つかっている。茨城県北部の石灰岩洞窟から見つかった、別属のアブクマメクラと一緒に新種記載された種で、ともに阿武隈山地の固有種。生息地での個体数は少なくない。

ヨウザワメクラチビゴミムシ

Trechiama tamaensis
A. YOSHIDA et S. NOMURA

体長 4.8‐5.7mm。東京都および埼玉県西部から神奈川県東部にわたるエリアの山林地下から発見されている種で、メクラチビゴミムシと呼ばれているものとしてはかなり広域な分布域をもつ。奥多摩でかつて公開されていた「養沢鍾乳洞」で最初に見つかったのが名の由来だが、今やこの洞窟は封鎖されて立ち入れなくなったため、この虫を見ようと思ったら、基本的には土砂を深く掘削することになる。

コマカドメクラチビゴミムシ

Trechiama lavicola S. UÉNO

体長 4.6‐5.4mm。静岡県の富士山東麓エリアに広がる、火山岩地帯に固有。ナガチビゴミムシ属の面々は、背面から見た姿が地表性の普通のゴミムシじみた、あまり風変わりとは言えない体形をしたものがほとんど。その中にあって、本種は体形がヒョウタン形にくびれたようになっていて、より地下性適応の進んだラカンメクラチビゴミムシ属などを思わせる風貌をしている。洞窟内に生息するが、有機物の多い所でしか見かけない。
伊豆半島にはこれに外見のよく似たオオルイメクラチビゴミムシ *T. ohruii* S. UÉNO 等が分布する。

ハベメクラチビゴミムシ
Trechiama habei S. UÉNO

都道府県
レッドリスト
愛知県

体長 4.9-5.5mm。愛知県の限られた石灰岩地帯に固有の種。かつては洞窟内の石下で見つかり、個体数も少なくなかったとされる。しかし、その後周辺地域での開発行為に起因すると思われる地下水減少、ならびにそれに伴う乾燥化により、洞窟内ではまったく生息が確認されなくなった。周辺の沢を掘削しても発見は至難で、2000年以後、信頼できる発見例は報告されていなかった。この写真の個体は2016年、大変な労力をかけてとある1本の山沢から発見された貴重な一匹。

カダメクラチビゴミムシ
Trechiama morii ASHIDA

環境省
レッドリスト
絶滅危惧
IB類

都道府県
レッドリスト
大阪府

体長 4.8-5.5mm。和歌山県の北部、および大阪府との県境近くにある山沢に固有。直近の種が7種いるが、これらはすべて四国と淡路島におり、本種だけ本州本土に孤立している。しかも本種の分布エリアには、別属のタカモリメクラとキタヤマメクラが生息しており、一地域内に3種のメクラチビゴミムシが共存するという生物地理学的に見て非常にまれな立地だ。

本種まで、痕跡程度の複眼を残しているナガチビゴミムシ属の種。このようにメクラチビゴミムシの仲間には、完全に複眼の退化しない種が多数存在する。だから、単純に「メクラは差別用語だからメナシチビゴミムシに改名すればいい」という訳にはいかないのだ。

タイシャクナガチビゴミムシ
Trechiama yokoyamai S. UÉNO

体長 4.9-6.4mm。中国地方に比較的広い分布域をもつ種で、地域により 5 亜種に分かれる。地下性傾向の強い種ながら機能的な複眼をちゃんと残している。湿った洞窟の入り口から奥の方まで見られ、場所によってはかなり多い。ナガチビゴミムシ属の中ではオンタケナガチビゴミムシ *T. lewisi* (JEANNEL)（埼玉県レッドリスト掲載種）という

のが最も地表生活に適応した種と考えられ、それからもう少し地下性への適応が進んだものがタイシャクナガチビゴミムシのような種と言えるだろう。本種と同程度の、いまいち煮え切らない中途半端な地下性適応を示す種は、ほかにもいくつか知られる。

ナガチビゴミムシ属の一種
Trechiama sp.

体長 5.0mm 前後。北陸地方の地下浅層から見つかったもので、おそらくまだ命名されていない未記載種。比較的浅い所から出るが、複眼は完全に退化しており、痕跡は認められない。

ナカオメクラチビゴミムシ
Trechiama nakaoi S. UÉNO

体長 6.0-6.5mm の大型種。現状、九州本土で発見されている唯一のナガチビゴミムシ属の種にして、この属の分布西限を担う種でもある。福岡県北部の、ある一つの山塊だけから知られる。完全に複眼を失った種だが、その割に体色がやけに濃く、あまり特殊化していない体形もあいまって、見るからに地下生活に特化しているとは思えない。

実際、本種が発見されるのは限りなく地表浅い地下空隙で、場合により沢沿いの石を裏返すだけで見つかる。本種が最初に見つかった山沢は、のちに砂防ダム建設の工事が入って環境が荒れた。現在、荒らされていないほかの沢で細々と生きながらえている。

---

column ナガチビゴミムシの暮らす環境

　愛知県に分布する地下性ナガチビゴミムシとして、本誌掲載のハベメクラのほかに近縁種チイワメクラチビゴミムシ *T. mammalis* S.UÉNO（愛知県レッドリスト掲載種）が知られる。本種もハベメクラの分布域とは別地域の石灰岩洞窟から発見されたが、洞窟の乾燥化に伴う環境悪化のためか原記載以後の発見例を聞かない。このエリアは地形自体が天然記念物指定されていて破壊できないため、洞窟周辺の沢を掘削する方法も使えず、当面再発見はされないだろう。また、カダメクラ・タカモリメクラ・キタヤマメクラの分布する

大阪・和歌山県境の山域は、かつて大規模な土砂採取が行われ、環境が大きく変化した。幸い、偶然ながら生息地の大半は温存されたが、周辺では今も大規模なメガソーラーが建設されるなど、油断ならない状況が続く。

大阪・和歌山県境の山肌。

カワサワメクラチビゴミムシ

Rakantrechus kawasawai S. UÉNO

都道府県
レッドリスト
愛媛県

ラカンメクラチビゴミムシ属 *Rakantrechus* は、ナガチビゴミムシ属に似た雰囲気をもつやや大型種で構成される仲間で、西日本の一大勢力。複眼も後翅も完全に欠く。本属は複数の亜属に分けられる。カワサワメクラチビゴミムシは体長 3.3-3.5mm。愛媛県の特定の洞窟内で見つかる、本属としてはかなり小型の種である。

本種はラカンメクラチビゴミムシ亜属 *Rakantrechus* に属し、また本種のみでこの亜属を構成する。体色はかなり薄く、軟弱な印象。ラカンメクラチビゴミムシ属のラカンメクラチビゴミムシ亜属に属す唯一の種なのに、和名がラカンメクラチビゴミムシでないのは、妙に納得がいかない。（原有助氏採集）

イズシメクラチビゴミムシ
Rakantrechus subglaber S. UÉNO

体長 3.6−4.0mm。愛媛県の特定の山域に分布し、地下浅層から採集される。しかし、普通のメクラチビゴミムシに比べてあまり水分を含まず、ベチャッとしていない層から出てくるため、普通のメクラチビゴミムシを探す要領では見つけ難い。本種は分類学上かなり特異な種で、長らくこの種だけでイズシメクラチビゴミムシ亜属 *Izushites* を構成したが、2022年に第二のツボカミメクラチビゴミムシ *R. glaber* NAITO が記載された。この亜属に近い仲間は、瀬戸内海を挟んだ対岸の本州側にいる。四国と本州中国地方が、大昔は地続きだったことを示す証拠の一つと言える。

アキヨシメクラチビゴミムシ
Rakantrechus etoi S. UÉNO

体長 4.2−5.7mm。山口県の秋吉台に点在する、石灰岩洞窟内に生息する種。この仲間としては比較的大型の種で、湿潤な洞内の石下に見られる。アキヨシメクラチビゴミムシ亜属 *Uozumitrechus* に含まれる種で、これには本種のほか島根県に分布するミスミメクラ *R. mukaibarai* S. UÉNO が知られる。九州にいる同属種よりは、四国にいる前種イズシメクラなどと系統的に関連が深い。秋吉台の地下には、本種のほかに別属のナカオドウメクラ *Stygiotrechus parvulus* S. UÉNO やオオメクラ *Trechiama pluto* S. UÉNO が生息する。ナカオドウメクラとオオメクラは山口県レッドリスト掲載種。

ハキアイメクラチビゴミムシ
Rakantrechus yoshikoae S. UÉNO

体長 4.5‐4.8mm。熊本県の特定の洞窟でのみ見つかっている、比較的大型の種。体の色づきはかなり濃く、細身の体形もあいまって外見が優美。メクラチビゴミムシの仲間は一般に「広所」恐怖症で、自分の体表面を覆う毛が常に何かに触れていないと落ち着かず、自発的に狭い隙間から広い場所へ出てくることはあまりない。しかし、本種は徘徊性が強く、身を隠す場所が何もない滑らかな石灰岩の表面を這い回る姿がしばしば目撃される。一度に見つかる個体数は多くない。以下、ノムラメクラまでサイカイメクラチビゴミムシ亜属 *Paratrechiama*。この亜属は九州の広範囲に分布しているが、特に大分と熊本周辺に既知種が集中している。また、四国からも 1 種のみ知られる。

ツヅラセメクラチビゴミムシ
Rakantrechus lallum S. UÉNO

環境省
レッドリスト
絶滅危惧
ⅠB類

都道府県
レッドリスト
熊本県

体長 4.6mm 程度。熊本県の特定の洞窟でのみ見つかっている種で、外見は前種とほぼ同じ。また、前種と極めて近縁で、分布域は近接する。かつて建設が予定されていた川辺川ダムの建設予定地近くに産地の洞窟があり、仮に建設された場合洞窟が水没し、本種を含め洞内の希少な生物が死滅することが危惧されていた。建設計画は一度ほぼ白紙に戻っていたが、2020 年に再びこの計画が始動する向きとなり、洞窟生物達の存続に赤信号が灯り始めている。

フセメクラチビゴミムシ
Rakantrechus tofaceus S. UÉNO

体長 3.8-4.1mm。熊本県の山都町に分布。山間の集落を流れる川べりに開口する凝灰岩洞「布勢洞」で採集された個体をもとに記載された。しかし、その後この洞がある谷は、2004年に付近で行われた道路工事で出た残土の投棄場にされ、人知れず埋没・消滅の危機にさらされていたことが、著者による地元民からの聞き取りで判明した。現在、からくも埋没は免れている。近年発生した、最大震度7の熊本地震の震源たる益城町は隣町だが、幸い崩落も免れた。洞内での個体数は多く、また徘徊性が強い。布勢洞は全長が70m程のまっすぐな横穴で、穴の口がまるで人の作ったようにほぼ真四角をしている。最奥部を除き高さ、幅ともに60〜70cmほどしかない通路が延々と続き、ウルトラマンのように体を伸ばした腹這いの体勢でしか進めない。往路だけで全身泥とコウモリのクソまみれになる。この洞窟は、後述するフセブラシザトウムシ（p.108）の世界唯一の産地でもある。

都道府県
レッドリスト
宮崎県

クロサメクラチビゴミムシ
Rakantrechus kurosai S. UÉNO

体長 3.4-4.1mm。宮崎県北部のいくつかの洞窟から知られる。この属の種としては、やや体形が寸胴で丸っこい印象。地域により3亜種に分かれる。ラカンメクラチビゴミムシ属の九州における南限は、現状では宮崎県北部である。しかし、実際にはさらに南のほうにもいないはずはなく、今後の調査が望まれる。鹿児島県も怪しい。

ノムラメクラチビゴミムシ
Rakantrechus nomurai S. UÉNO

左：コゾノメクラチビゴミムシのホロタイプ標本（国立科学博物館所蔵）。右：ノムラメクラチビゴミムシ。

体長 4.4 - 5.2mm。大分県に分布。特定の石灰岩地帯に生息する。3亜種が認められており、それぞれ別の地域に住み分ける。比較的大型の種で、なおかつ色づきが濃く、目に映えて美しい。近似種コゾノメクラチビゴミムシ *R. elegans* S. UÉNO は、外見は本種に酷似するものの胸部の後ろの縁に1対の剛毛が立たない点で区別できる。本種はノムラメクラチビゴミムシの分布域から遠くない山の中腹に開いた洞窟「小園の穴」から発見されたが、この山はその後石灰採掘の鉱山となり、山体の上半分が洞窟ごと広域に爆破されて消し飛んだ。周辺地域は、同属他種のメクラチビゴミムシに分布を牛耳られている。「一地域一メクラチビゴミムシの法則」に照らし合わせれば、ほかに生息していると思われる場所がまったく考えられないため、この世から絶滅したと判定されている。現在もこの山は鉱山施設として広域に渡り採掘中で、また一般人は立ち入り厳禁のため、この種が本当に絶滅したのかを実地調査できない状況にある。

コゾノメクラチビゴミムシ
R. elegans S. UÉNO

環境省 レッドリスト	都道府県 レッドリスト
絶滅	大分県

ラカンメクラチビゴミムシの一種
Rakantrechus sp.

体長 4.0mm 程度。福岡県南部から見つかった未記載種で、おそらくサイカイメクラチビゴミムシ亜属に属する。現状、九州でのラカンメクラチビゴミムシ属の北限種は大分県北部のタイオメクラチビゴミムシ R. taio S. UÉNO であり、それよりも北にいることになる。この種との分類学的な関係は、現状では不明。2016年、ダム建設の際に掘削されたトンネルから数個体得られた。

ウスケメクラチビゴミムシ
Rakantrechus mirabilis S. UÉNO

| 環境省 |
| レッドリスト |
| 絶滅危惧 |
| I B 類 |

| 都道府県 |
| レッドリスト |
| 大分県 |

体長 3.9-4.1mm 程度。大分県東部海岸沿いに分布し、絶滅種コゾノメクラと分布域が隣接する。1958年、かつて海際に存在した石灰岩洞「徳浦の穴」から得られた個体をもとに記載された種だが、その後その洞窟は石灰採掘工事のあおりを受けて破壊、消滅。これにより、一時絶滅が危ぶまれるも、後にそこから数 km 離れた山間部のガレ場で再発見された。

ヒトボシメクラチビゴミムシまでウスケメクラチビゴミムシ亜属 *Pilosotrechiama*。この亜属は 4 種からなり、1 種を除きすべて大分県に分布。残りの 1 種サダメクラチビゴミムシ R. peninsularis S. UÉNO et NAITO のみ、豊後水道を挟んだ対岸の愛媛県側（佐田岬半島）にいる。飛べないこれら虫達の分布様式は、九州の北東部と四国の西部に、かつて地続きの時代があったことを物語る。※サダメクラチビゴミムシは都道府県レッドリスト（愛媛県）。

サガノセキメクラチビゴミムシ
Rakantrechus fretensis S. UÉNO

体長 4.4-4.6mm。大分県東部海岸沿いに分布。分布域は、近縁なウスケメクラのそれとは近いものの隔たっている。外見はウスケメクラとまったく同じで区別不可能だが、オスの交尾器形態は異なる。ウスケメクラもそうだが、細かい礫が堆積した湿度の高い斜面を水平に掘ると、あまり深く掘らぬうちに出てくることが多い。この亜科の種は薄毛などと気の毒な名を付けられたが、体表は全体的に微細な毛で覆われており、むしろメクラチビゴミムシとしては毛深い部類に入る。この虫の名誉のため。もしくは、全身がうっすらと毛で覆われているという意味か。

ヒトボシメクラチビゴミムシ
Rakantrechus tenuis S. UÉNO

体長 4.0-4.4mm。大分県東部海岸沿いに分布。石灰岩洞窟から発見された種で、分布域はウスケメクラのそれと隣接する。外見ではウスケメクラやサガノセキメクラとまるで区別できないが、オスの交尾器形態は異なる。2008年にサガノセキメクラと同時に新種記載された種だが、じつは存在自体は1960年代から知られていた。長らくオスが採れなかったため、正確な同定ができず新種記載が遅れた経緯がある。

タカサワメクラチビゴミムシ
Allotrechiama tenellus S. UÉNO

クマメクラチビゴミムシ属 *Allotrechiama* は、熊本県に固有の小さなグループ。2亜属で構成され、3種からなるクマメクラチビゴミムシ亜属 *Allotrechiama* と、次種1種からなるキバナガメクラチビゴミムシ亜属 *Nothaphaenops* がある。いずれの種もベッコウ細工のように体色が薄く、繊細な印象を受ける。タカサワメクラは体長3.0-3.3mm、前者の亜属の一員。球磨川沿いに発達する複数の鍾乳洞から見つかっており、このエリアの石灰岩地質の地下空隙には、恐らく広く分布しているものと思われる。

---

column 地下性生物に迫る脅威① 「放置トラップ」

時に洞窟内で、紙コップ等が地面にはまっているのを見る。これは、地下性昆虫を捕獲すべく虫マニアが仕掛けた罠だ。中に餌を仕込んでおくと、虫が入ってきて捕らわれる。この罠、仕掛けた当人が場所を忘れるのか、しばしば回収されず洞内に放置される。朽ちない材質の容器は、永久にそこで無駄に周囲の虫を誘引して落とし込み、殺し続ける。あからさまに年単位で放置されているものは撤去すべきと思うが、現役のものを勝手に抜くと窃盗罪になるため、難しい。

罠の放置は、繁殖力も生息密度も低い地下性昆虫の存続に打撃を与えうる。洞内に罠をかける際、必ずその数と場所を把握し、短期間で残らず回収したい。また、人の出入りが多い観光洞等では、罠をかけるべきではない。それを見た一般人が、決して好印象を持たないから。虫マニアによる思慮なき行為の積み重ねは、やがて昆虫採集という趣味自体への、社会からの風当たりを強くする。

九州の洞窟内で見た放置トラップ。

キバナガメクラチビゴミムシ

Allotrechiama mandibularis S. UÉNO

体長 4.0-4.6mm。国内に 400 種以上知られるチ
ビゴミムシ類の中でも、後述のアシナガメクラ
（p.35）と並び地下生活に極度に特殊化した珍種。
球磨川沿いに 2 か所ある、地下十数 m 以深もある
縦穴の最深部でしか見つかっていない。外見は、
タカサワメクラをアファエノプソイド化（脚や触
角の伸長、胴体がヒョウタン形にくびれる等の形
態適応）したイメージ。細身の体はくびれ、脚や
触角はクモのように細長い。そして、頭部と大顎
は前方に長く突き出た奇観を呈する。動きは極め
て素早く、漆黒の地底の岩盤上を風のように疾走
する。

産地の洞窟はいずれも物理的に侵入困難だった
り、個人での生物調査が不可能な管理洞窟である
ため、顕著で有名な種にも関わらず、これまでこの
虫の生きた姿を見る幸運に恵まれた者は史上
10 人にも満たない。上の個体は、大変な労力の
末に特別な許可を得て洞窟調査を行い、わずか
2 日間の調査期間中、奇跡的に生け捕りに成功し
た唯一の個体。アシナガメクラと見比べてしまう
と大して変わった種には見えないが、端正さ、得難
さ、勇猛さ、どれをとっても日本最強。まさに究極
のメクラチビゴミムシであると、ここに断言する。

サーベルのように鋭く突き出た牙。恐らく、活発に走り
ながらトビムシなど生きた小動物を捕食する。まさに生
命を刈り取る、死神の鎌。

大概のメクラチビゴミムシは、歩行中に指で顔をつつくと
進行方向を任意に変えられる。しかし、こいつにはそれが
通用しない。一度向いた方向には是が非でも直進する。行
く手を遮られると、むしろ激しく怒り出す。

ヒサマツメクラチビゴミムシ
Rakantrechus hisamatsui (S.UÉNO et NAITÔ)

体長 5.6-6.1mm。2009年、本種のみからなるイヨメクラチビゴミムシ属 *Iyotrechus* の種として新種記載されたが、本属は2022年にラカンメクラチビゴミムシ属の一亜属に格下げされ、したがってイヨメクラチビゴミムシ属という分類群は消滅してしまった。複眼も後翅も完全に欠く、極めて大型の顕著な種で、愛媛県の特定の地下浅層のみか

ら見出されている。胸部の後ろの端に剛毛は立たず、サイズは別として姿かたちは絶滅したコゾノメクラに似ていなくもない。相当深い所におり、地下に罠をかけなければまず採れない。巨大なだけあって、とても凶暴。小さな種のメクラチビゴミムシを同じ入れ物に入れておくと、すぐにおやつのように食らい尽くす。(原有助氏採集)

ケバネメクラチビゴミムシ
Chaetotrechiama procerus S. UÉNO

体長 5.3-5.9mm。ケバネメクラチビゴミムシ属 *Chaetotrechiama* は四国に固有で、ただ1種のみで属を構成する。複眼も後翅も完全に欠く。系統的には、ラカンメクラチビゴミムシ属に近いとされる。高知県の極めて狭いエリアでのみ見出されている希少種で、メクラチビゴミムシとしてはかなりの

大型種。古くは廃坑から見つかったらしいが、その後そこが崩落で潰れてしまい、中に入れなくなったため存続の有無がわからなくなった。現在では、元の発見地点から少し離れたエリアの地下浅層から見つかっている。動きは俊敏で、気温の低い冬に探しに行かないと高確率で逃げられる。

アオナミメクラチビゴミムシ
Yamautidius anaulax S. UÉNO

環境省
レッドリスト
絶滅危惧
ⅠⅠ類

都道府県
レッドリスト
愛媛県

ケムネメクラチビゴミムシ属 *Yamautidius* は、小柄な種で構成される四国固有の仲間。複眼も後翅も完全に欠く。四国西部を中心に複雑に種分化している。この属のメクラチビゴミムシに限ったことではないが、まだ新種が相当数眠っていると思われる。アオナミメクラは体長 3.3–3.7mm。愛媛県の限られた谷筋からのみ知られる種で、元々は1978年、山に掘られたマンガンの試掘坑から得られた個体をもとに記載された。その後、その試掘坑内の崩落が進み、生息の有無を調べられない状況が続いたが、2003年に周辺地域の地下浅層から見つかり、生息自体はしているのが確かめられた。

キウチメクラチビゴミムシ
Himiseus kiuchii S. UÉNO

都道府県
レッドリスト
徳島県

体長 3.6–3.9mm。キウチメクラチビゴミムシ属 *Himiseus* は、徳島県南東部の石灰岩地帯に特有の仲間で、ただ1種のみで構成される。複眼も後翅も完全に欠く。体表面は細かい毛で密に覆われ、上翅のごく付け根近くに特有の小さな突起をもつ。成熟しても比較的体色が薄いままで、美しいがナヨナヨした印象。洞窟内の石の下などから見出され、季節により地下の階層をかなり上下に移動しているらしい。本種と同所的に、別属のメクラチビゴミムシ2種も共存し、生物地理学的に見て興味深い。本属は四国南部に分布するイシカワメクラチビゴミムシ属 *Ryugadous* に近縁で、この属そのものに含める向きもあるようだが、ここでは従来の分類体系に従う。(原有助氏採集)

トウゲンメクラチビゴミムシ
Awatrechus pilosus S. UÉNO

アワメクラチビゴミムシ属 *Awatrechus* は、その名の通り徳島県内を中心に複雑な種分化を遂げた不思議な仲間。複眼も後翅も完全に欠く。十数種が知られ、狭い地域内で共存せず住み分けて分布している。トウゲンメクラは体長 4.1-4.7mm、特定の石灰岩洞窟からのみ知られる種。上翅の表面は艶消し調で、細かい毛で覆われている。（原有助氏採集）

リュウノメクラチビゴミムシ
Awatrechus hygrobius S. UÉNO

体長 4.0-4.5mm。体形は前種と似ているが、上翅の表面は細かい毛で覆われず、ニスを塗ったように妙にテカテカしている。この種は数奇な運命を辿った虫で、1955年、当時徳島県東部の石灰岩の山に開口していた洞窟「龍の窟」で得られた個体をもとに記載された。しかし、1960年代にこの山が石灰採掘の鉱山となり、洞窟は破壊されてしまった。これで絶滅したかと思われたが、その後至近にあった別の小さな洞窟にもいることが判明。ところがこの洞窟さえも採掘で破壊され、今度こそ絶滅したと思われた。それが2000年代に入り、上記洞窟と同じ分水嶺上にある沢の源流地下から再発見され、かろうじてまだ存在していることが確かめられた。だが採掘は今も続いており、採掘範囲も広がりつつある。都合2度も「滅ぼされ、よみがえった」今なお、特に生息地は保全されていない。

都道府県
レッドリスト
愛媛県
高知県

アシナガメクラチビゴミムシ
Nipponaphaenops erraticus S. UÉNO

体長 5.8-7.3mm。長らく本種のみでアシナガメクラチビゴミムシ属 *Nipponaphaenops* を構成していたが、2022年に別種が新種記載された。複眼も後翅も完全に欠く。この属はツヤメクラチビゴミムシ属から進化したものらしい。愛媛県と高知県に分布。四国カルストの地下最深部に生息する、国内では地下生活に究極に特化したメクラチビゴミムシだ。日本産の盲目チビゴミムシ亜科の種の中で

は、最大級。典型的なアファエノプソイドの種で、クモのように長い触角と脚、ひょうたん形にくびれた胴体をもつ。極めて俊敏で、縦穴の底や壁面を軽快に駆け抜ける。本種と九州のキバナガメクラは、地下生活に向けた形態的な特殊化が顕著で、超洞窟種と呼ばれる。しかし、ヨーロッパや中国の洞窟には、さらに珍奇な姿の超洞窟種がまだ存在する。

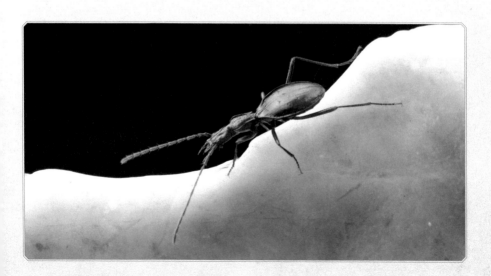

イラズメクラチビゴミムシ
Ishikawatrechus cerberus S. UÉNO

ツヤメクラチビゴミムシ属 *Ishikawatrechus* は四国に固有の仲間で、比較的大型の種で構成されている。複眼も後翅も完全に欠く。

イラズメクラは体長 4.8-5.8mm、高知県西部の近接するいくつかの石灰岩洞窟で見つかっている種だ。メクラチビゴミムシとしては徘徊性が特に強い種で、洞内の石や木端をわざわざ裏返さずとも、白い鍾乳石の表面をせかせか走り回っている様を見ることができる。産地での個体数は少なくなく、メクラチビゴミムシとしては比較的見つけやすい種と言える。ただし、ほかの同属近縁種はどれもかなり採集が困難。

アトスジチビゴミムシ
Trechoblemus postilenatus (BATES)

体長 4.2-5.3mm。複眼をもち、体形は平たい長方形っぽく見える。上翅には毛が多い。発達した後翅をもち飛翔できるなど、見るからに地下生活には適応していなさそうな風貌の種。河川敷など、水辺環境の近くで発見されることが多い。夜間灯火に飛来するほか、台風などに伴う洪水が起きた後、河川の岸辺に堆積するゴミの下から多数得られることがある。しかし、平常時にどこでどう過ごしているかは、ほとんどわかっていない。海外では、同属近縁種が地中につくられた小型哺乳類の巣内で見つかった例が知られており、日本産の本種でも類似の報告が若干知られている。

カドタメクラチビゴミムシ

Ishikawatrechus intermedius S. UÉNO

環境省 レッドリスト
絶滅 (再発見された)
都道府県 レッドリスト
高知県

体長 4.5-5.7mm。イラズメクラに一見似た風貌だが、上翅の表面には細かな毛が覆っている。高知県の中央部にかつて存在した、石灰岩洞窟の中だけで見つかっていた種。ここは 1952 年に発見された洞窟で、石灰岩の丘の上にあったが、その後周囲一帯が石灰岩採掘の場と化し、1972 年までに丘ごと完全に破壊された。周囲は他種のメクラチ

ビゴミムシの分布域に囲まれていることから、国は本種の生息を確認できる場所はないと判断し、絶滅種とした。ところが 2017 年、本種が地下浅層にまだ生存していたと発表され、からくも絶滅を免れていたことが明らかとなった。およそ 50 年ぶりの再発見だった。近傍は今なお採掘が続くため、適切な保護対策がなされることを願うばかりである。

フタボシチビゴミムシ
Blemus discus (FABRICIUS)

体長 4.2-5.5mm。複眼をもち、体形はアトスジ
ほど平たくない。上翅の後方には紋が現れるが、
この出方には個体差がある。発達した後翅をも
つ。水辺環境の周辺で見出され、灯火に飛来し
たり洪水時のゴミの下から見つかる。本種も平
常時、河川敷の石やゴミの下を探してもまず見
つからないため、地下のある程度深い所に本来
の住処があるのかもしれない。2019年の台風19
号に伴い氾濫した、埼玉県春日部市の江戸川河
川敷では、氾濫直後に相当数のアトスジと本種
が、打ち上がったゴミの下から見つかった。だ
が、その翌日にはほぼ完全に、流域沿いのどの
ゴミの下からも姿を消していた。

---

column　地下性生物に迫る脅威②「観光開発」

　洞窟は我々にとって謎と魅力を伴う異次元
空間ゆえ、しばしば観光地化されるが、その
際、洞内の環境を損なう形で整備がなされる
例は少なくない。

　このご時世、運営側としては客の身に何か
トラブルが起き、結果責任を問われる事態は
避けたい。だから洞内には煌々と灯りをつけ、
客が躓かぬよう地面は石を撤去し、舗装する
などの措置をとる。言うまでもなく、これら
は地下性生物にとって存亡に関わる環境破壊
だ。隠れる場もなく、光と熱にさらされ乾燥
した洞内では、彼らは住めない。地域の観光
資源として、そして一般市民に洞窟の魅力を
伝える意味で整備は必要だが、そのために地

下の自然が損なわれては本末転倒だ。

　観光洞でよく見る光景の一つに、人工照明
の周辺で植物のはびこる様が挙げられる。本
来暗黒の地下で、光合成するコケが鍾乳石を
汚損する傍に「自然保護のため鍾乳石を傷つ
けるな」等の看板を見た時の空しさよ。

九州の観光洞で見た、天井の人工照明のそばに茂る
コケやシダ等。

カマナシメクラチビゴミムシ
Kurasawatrechus kawaguchii S. UÉNO

都道府県
レッドリスト
長野県

クラサワメクラチビゴミムシ属 *Kurasawatrechus* は、紀伊半島あたりを西限として本州の東北部を手広く牛耳るチビゴミムシの仲間だ。いずれも3-4mm 程度の小型種であり、複眼も後翅も完全に欠く。脚は短めで丸っこい体形をしており、種間で外見がさほど変わらない。本属のものに外見やサイズがよく似た、近縁属でなおかつ西日本の一大勢力、ノコメメクラチビゴミムシ属のもの達が種によって体形、脚の長さなどにある程度のバリエーションが見られるのとは対照的だ。

カマナシメクラは体長 3.3-3.5mm、山梨県から長野県にわたる非常に広域な分布域をもつ特異な種である。沢の源流部の掘削で見つかるほか、凝灰岩洞窟からも発見されている。凝灰岩洞窟から知られるメクラチビゴミムシは、全国的に見てもさほど多くない。長野県ではこのほか、ニュウガサメクラチビゴミムシ *K. longulus* S. UÉNO 等の近縁種が見つかっている。

ニュウガサメクラチビゴミムシ
K. longulus S. UÉNO

都道府県
レッドリスト
長野県

オオカワメクラチビゴミムシ
Kurasawatrechus ohkawai S. UÉNO

体長 3.1 - 3.4mm。胸部がほぼ真四角な形。茨城県から栃木県にかけての、北関東の広域にわたり分布する。洞窟ないし地下浅層から見出されており、この類の種としては比較的採集は易しい。しかし、探索場所を選ばないと、採集難易度は著しく上昇する。例えば、本種の生息地の一つとして知られる筑波山は、山全体が地下性生物相の貧弱な花崗岩地質である上、沢の源流にあたるエリアの大半が自然公園の特別保護地域にあたるため、採集も掘削もできない。

トリノコメクラチビゴミムシ
Kurasawatrechus intermedius S. UÉNO

体長 2.8 - 3.1mm。胸部がほぼ真四角な形。茨城県境に近い、栃木県の東部の山域から見つかっている。外見はオオカワメクラに似ているが、体形がやや細く見える。オオカワメクラとは分布は近接するものの、同所的には見つかっていない。模式産地の山は掘削に適した場所が少なく、意外と採集の難しい種。さほど地下深くない場所から得られる。

都道府県
レッドリスト
福島県

ヤミゾメクラチビゴミムシ
Kurasawatrechus yamizonis S. UÉNO

体長 2.9 - 3.5mm。八溝山地は、福島県南部から栃木県、茨城県へと連なり、筑波山へと至る山地帯であるが、そのうち八溝山周辺にだけ生息するのが本種である。八溝山地にはほかにオオカワメクラ、トリノコメクラが分布するが、これらは互いに共存域をもたず山域ごとに住み分けていると考えられている。また、この山地帯に生息する前述3種のうち、ヤミゾメクラ（クラサワメクラチビゴミムシ群）だけほかの2種（アブクマメクラチビゴミムシ群）とは異なる種群に含まれる。ひとつながりの同一山塊中に、同属とはいえ系統の異なるメクラチビゴミムシの仲間が分布する事実は興味深い。

オオシマメクラチビゴミムシ
Kurasawatrechus ohshimai S. UÉNO

体長 2.9 - 3.0mm。胸部がほぼ真四角な形。栃木県の石灰岩洞窟から見出されている。オオカワメクラと、外見は大差ないように見える。北関東に見られるクラサワメクラチビゴミムシ属の各種は、互いにとても似通った外見をしており、そもそも珍奇な形態をしている訳でないのも手伝って、見ていてあまり面白みがない。それでも、実際に野外で洞窟や地下浅層から、ルビーの如き紅き光をたたえた彼らを見つけ出した時の感動たるや、計り知れないものがある。

アブクマメクラチビゴミムシ
Kurasawatrechus quadraticollis S. UÉNO

体長 3.2 - 3.4mm。胸部がほぼ真四角な形。茨城県北部の沿岸域にある石灰岩洞窟から見つかった個体をもとに新種記載された種で、別属オオアナメクラチビゴミムシと同時に発表された。この個体は 2020 年、後述の理由（p.79 コラム参照）により生息地の洞内に入れないため、周辺の沢の地下を彷徨い掘って、丸一日がかりでやっと捕らえた 1 匹。

環境省
レッドリスト
絶滅危惧
ⅠB類

都道府県
レッドリスト
福井県

マスゾウメクラチビゴミムシ
Suzuka masuzoi S. UÉNO

スズカメクラチビゴミムシ属 *Suzuka* は、北陸から近畿の東側に分布域をもつ変わった仲間。体はひょうたん形にくびれ、いかにも地下生活に特殊化した風貌だが、脚は非常に短い。また、必ずしも地下深い所にはいないようである。3 種が知られ、いずれも複眼と後翅を完全に欠く。
マスゾウメクラは体長約 3.2mm。この属として

は最北の分布を示す種である。福井県のある一本の谷筋だけで見つかっている希少種だが、その谷の周辺では開発行為が行われていることから、今後の生息が危ぶまれている。また、この谷では至る所の岩盤が崩落防止のためモルタル舗装されてきている。この措置が本種の存続にいかなる影響をなすかは不明。

イヨメクラチビゴミムシ
Stygiotrechus iyonis S. UÉNO et ASHIDA

都道府県
レッドリスト
愛媛県

　ノコメメクラチビゴミムシ属 *Stygiotrechus* は、関西以西から九州にかけて多数の種を擁する一大勢力であり、基本的に小型種で構成されている。複眼も後翅も完全に欠く。肩の部分に突起が発達し、種によってその数はしばしば異なる。近縁属たるクラサワメクラチビゴミムシ属が西日本にいない代わりにいる雰囲気の奴らだが、種によって脚が長かったり体形が丸っこかったりと、形態的な多様化がけっこう面白い。

　イヨメクラは体長 2.5-2.7mm。愛媛県の限られた山塊にのみ分布する種で、ただでさえ小型種の多いこの属の中でも特に小さい部類に入る。粘土質の地面から出るが、普通は多分に地表浅くから発見されることが多い。西日本に種数が多いノコメメクラチビゴミムシ属だが、なぜか四国には本種を含めたった2種しか知られていない。（原有助氏採集）

オオタキメクラチビゴミムシ
Stygiotrechus satoui S. UÉNO

体長2.5-2.9mm。香川県の数か所の山だけから見つかっている種で、イヨメクラチビゴミムシと並びたった2種しかいない四国産ノコメメクラチビゴミムシ属の片割れ。地域により、2亜種に分けられている。さほど深くない地下空隙から出るものらしい。公式に報告されている採集記録は多くないが、実際には必ずしも珍しい種ではないと思われる。（原有助氏採集）

キタヤマメクラチビゴミムシ
Stygiotrechus kitayamai S. UÉNO

体長2.45-3.05mm。和歌山県の北部、および大阪府との県境近くにある山沢から発見された種。カダメクラ、タカモリメクラと共に同所的に分布する。タカモリメクラとは同属だが直近の種ではなく、どういう訳か飛んで中国地方に直近がいる。あまり深くなく、細かい礫が堆積した地下から掘り出されるが、発見はかなり難しい。そもそも個体数が多くないのと、本種が分布するエリアは地面が固い粘土で覆い尽くされており、掘削できるポイントが非常に限られるためである。ノコメメクラチビゴミムシ属の面々は地下浅い場所から得られる種が多く、この手の虫の採集では入門的な位置づけのグループだが、本種と次種は例外的。（原有助氏採集）

タカモリメクラチビゴミムシ
Stygiotrechus kadanus S. UÉNO

環境省
レッドリスト
絶滅危惧
ＩＢ類

都道府県
レッドリスト
大阪府

体長 2.6-2.9 mm。和歌山県の北部、および大阪府との県境近くにある山沢から発見された種。同所的に住むキタヤマメクラチビゴミムシに似るが、本種のほうがほんの少しだけ体が小さく、また胸部背面は明らかに毛深い。キタヤマメクラより深い地下から見つかる傾向があり、同所的に住むとはいえ深さで住み分けている可能性がある。個体数は、ただでさえ少ないキタヤマメクラに輪をかけて少ない。地下深くにいるのも手伝い、発見は恐ろしく至難。私ははるばる当時住んでいた九州から3回挑戦しに行って、3回とも敗北を喫した経緯あり。関西地方では、ほかにもいくつかのノコメメクラチビゴミムシ属の種が見出されている。（原有助氏採集）

ゴウヤメクラチビゴミムシ
Stygiotrechus miyoshiorum S. UÉNO

都道府県
レッドリスト
福岡県

体長 2.5-2.7mm。福岡県北部の石灰岩地帯から見出される小型種。上翅には細かい筋がほとんど見当たらなく、つるっとした外見をしている。押しつぶしたように平べったい体形の種が多いこの属にあって、比較的体高が高く、特に胸部は筒のような体形をしている。生息地の石灰岩洞窟は、近年観光用に内部が整備された。それに伴い洞内が乾燥してしまったため、本種の生息をおびやかす結果となった。周辺で行われている石灰採掘工事も脅威。山塊を挟んで反対側には、酷似した次種ツツガタメクラが産する。

都道府県
レッドリスト
福岡県

ツツガタメクラチビゴミムシ
Stygiotrechus unidentatus S. UÉNO

体長 2.7-2.9mm。福岡県北部のカルスト台地地下から見出される小型種。外見はほとんど前種ゴウヤメクラと変わらないが、本種の方が僅かに大型で、なおかつ上翅がよりツルツルしている。近接する 2 か所の洞窟からのみ知られており、福岡県レッドデータブックでは「1990 年以降の生息が確認されている」とあるが、現在どちらの洞窟も観光整備が著しく、普段一般の立ち入りが禁じられている奥の保全エリアでなければ姿を見ることができない。福岡県で公式に存在が知られるメクラチビゴミムシの中では、じつは最も発見困難な種と言える。

都道府県
レッドリスト
福岡県

エサキメクラチビゴミムシ
Stygiotrechus esakii S. UÉNO

体長 2.6-2.7mm。福岡県の石灰岩地帯から見出される小型種。ゴウヤメクラやツツガタメクラとは分布域がまったく重ならない。元々は洞窟内で発見された種だが、現在その洞窟は安全確保の観点から封鎖されており、採るには自力で近隣の沢を掘るしかないのが現状。同じく多数の洞窟を擁する四国に比べて、九州は立ち入り禁止の洞窟があまりにも多く、しかもしばしば立ち入り許可すら出ないため、生物調査には非常に難儀する。しかし、だからこそ生き物達の安寧が保たれているとも言える。(胎中悠丞氏採集)

クボタメクラチビゴミムシ
Stygiotrechus kubotai S. UÉNO

体長 3.0-3.4mm。長崎県の砂岩洞窟から知られる種で、この属の種としては体格に対して異様に脚がすらっと長いのが特徴。本種の生息地たる洞窟は観光地としてかなり徹底的に整備されてしまっている。地面はコンクリートで舗装されてしまい、小動物が身を隠せる場所はほとんどない。また洞内の乾燥化を促進する、照明器具の過剰な設置も問題であろう。洞窟はしばしばお手軽な観光地として安易に開発されてしまいやすいが、この 21 世紀、もう少し生態系に配慮したやり方はできないものか。

ノコメメクラチビゴミムシの一種
Stygiotrechus sp.

体長約 2.5mm の小型種。福岡県の博多市街近郊の山で、2014 年に著者が発見した未記載種。愛媛県のイヨメクラ同様、かなり地下浅い場所に生息する種らしい。この山は、日本の昆虫学を背負う九州大学の名だたる歴代の研究者達が重ねて調査し尽くした場所なのだが、結局皆が皆そろって見る所しか見ていなかったわけだ。

ホソメクラチビゴミムシ
Daiconotrechus tsushimanus S. UÉNO

ダイコンメクラチビゴミムシ属 *Daiconotrechus* は、非常に変則的な分布を示す仲間。複眼も後翅も完全に欠く。2亜属で構成され、島根県出雲市の大根島にある溶岩洞窟から見つかったイワタメクラチビゴミムシ *D. iwatai* (S. UÉNO)（環境省レッド絶滅危惧II類、島根県レッドリスト掲載種）ただ1種からなるダイコンメクラチビゴミムシ亜属 *Daiconotrechus* と、その後対馬から見つかった2種

からなるホソメクラチビゴミムシ亜属 *Tsuiblemus* が知られる。大根島に住む前者は、1970年代に記載されて以後これまで発見された総個体数が10個体前後しかない、大変な珍種。半面、対馬に住む後者はポイントさえ見定めれば、発見はまあ可能ではある。運が良ければ、枯れ沢で大きめの石を裏返すだけで見つかる。体長 3.7mm。

---

column　意外と目にする地下性ミズギワゴミムシ

　ユウバリメクラミズギワゴミムシは一見メクラチビゴミムシに似るものの、その動きは恐ろしく鈍いため、生きた個体を見ればすぐにそれと気づける。今のところ、我が国に産するメクラミズギワゴミムシ属は、本種を含めて北海道から2種が知られているのみである。もう片割れの種たるカリバメクラミズギワゴミムシ *C. yasudai* UÉNO は、狩場山地の地下から得られている。

　トカラコミズギワゴミムシは、レッドリストに掲載される県があるなど、世間では希少

種扱いする向きが見られる。しかし、実際には単に目につかない環境にいるせいで記録が少ないだけであろう。「土木作業」を行う者の立場から見れば、本種が珍しい印象は一切なく、むしろ鬱陶しいくらいである。私はこれまで静岡県、高知県、福岡県、長崎県、大分県など多数の都道府県において、珍種のメクラチビゴミムシを探索する過程でこの虫を地下から掘り出している。大抵、出るときはまとまった個体数が出る。

甲虫目 Coleoptera	オサムシ科 Carabidae	チビゴミムシ亜科 Bembidiinae（ミズギワゴミムシ族 Bembidiini）

節足動物門 — 昆虫綱

　　小型種で構成され、多数の種を含む分類群。その名の通り、多くは河原や池、海岸といった水際の湿地に生息する地表性種であるが、地下水脈に沿って生息する種もいる。日本では北海道に住むメクラミズギワゴミムシ属が顕著な地下性種として知られている。また、本州以南に分布するトカラコミズギワゴミムシも地下性傾向が強いが、これは地表近くからも得られる。

ユウバリメクラミズギワゴミムシ
Caecidium trechomorphum S. UÉNO

都道府県
レッドリスト
北海道

体長 4.0-4.8mm。北海道中部のごく狭いエリアでのみ見つかる種。無眼で、一見クラサワメクラチビゴミムシ属の種に似通った風貌だが、系統的には関連性のない他人の空似である。雪渓が夏前まで残るような、急峻な山の斜面に生息する。残雪が残っている期間には、雪に覆われた地表の比較的浅い所に上がってきているので発見は楽だが、それ以後は果てしなく深い地下へ潜ってしまう。

トカラコミズギワゴミムシ
Tachys troglophilus (S. UÉNO)

都道府県
レッドリスト
神奈川県
徳島県

体長約 3.7mm。本州、四国、九州、沖縄まで見られる。洞窟にいることもあるが、通常は沢沿いの浅い地下空隙に生息している。わざわざ地下を掘らずとも、地面にはまり込んだ大きな石の下から見つかることもある。複眼は退化しない。生息地では、しばしば多数の個体が掘り出される。ぱっと見のサイズや色彩がメクラチビゴミムシそっくりであるため、とても紛らわしい。

　メクラチビゴミムシよりもはるかに大型の種からなるグループ。いくつかの属のものは地下性傾向が強く、複眼は退化傾向を示すが、完全に無眼の種は国内にはいないようである。各地で特有の種に分かれているものの、分類が極めて難しく、まだ名前のついていない種が多い。また、メクラチビゴミムシほどは細かく種が分化していない。

ホラズミヒラタゴミムシ
Jujiroa troglodytes S. UÉNO

都道府県
レッドリスト
愛知県

体長 10.2-11.0mm。国内からは17種が知られるホラアナヒラタゴミムシ属 *Jujiroa* は、*Jujiroa*、*Ja*、*Yukihikous* の3亜属に分かれているが、かつてはそれぞれが独立の属として扱われた。本種は東海地方の限られた石灰岩地帯に固有とされる。洞窟内の石下に生息するほか、季節により洞外の森林で見つかることもある。動きは素早く、石下に見つけても速やかに付近の岩の裂け目などに逃げ込む。

ホラアナヒラタゴミムシ
Jujiroa nipponica (HABU)

高知県から記載された種で、写真の個体は体長 12.0mm 前後、恐らく本種と考えられるもの。この仲間はメクラチビゴミムシ類と異なり、単純にオス交尾器の形態を見比べたのでは種を判別することが困難らしい。そのため、メクラチビゴミムシよりもはるかに大型で研究しやすそうな昆虫であるにも関わらず、2000年代まで分類が遅れていた。

ホラアナヒラタゴミムシの一種
Jujiroa sp.

体長 12.0mm 程度の個体。熊本県内の洞窟で見たメスで、産卵をひかえて腹部がパンパンに膨らんでいる。恐らく、一度に大型の卵を少数産むものと思われる。熊本県からは *J. estriana* SASAKAWA（和名なし）が知られるが、この個体が本種かは不明。なお、本種も *Jujiroa* 亜属に含まれる。

ヒラノアカヒラタゴミムシ
Jujiroa minobusana (HABU)

体長 12.5mm。山梨県と静岡県の特定の山塊から見つかっている、地下性種。普段は地中深い所におり、特定の時期に狙わないと発見し難い。この種は *Yukihikous* 亜属に含まれる。*Jujiroa* 亜属の種に比べて体形は寸胴で、脚や触角も遥かに短く、本当に同属の間柄なのか疑わしく思えるほど。

ホソヒラタゴミムシの一種
Trephionus sp.

体長 11.0mm 前後の個体。この属のものはホラア
ナヒラタゴミムシ属同様、地下性の傾向を示す。
割と地表浅い場所で見つかることも多い。写真の
種は大分県で見つかった個体で、沢沿いの石の下
から得られた。写真は羽化後まだ時間をあまり経
ていない個体（テネラル）。本来はもう少し赤みを
帯びた体色をしている。

クライヤマオオズナガゴミムシ
Pterostichus kuraiyamanus
MORITA et OHKAWA

オオズナガゴミムシ類は、本州から四国、九州（対
馬）まで分布する珍奇なゴミムシの一群である。
その名の通り頭部と大顎が著しく巨大化し、なお
かつ大顎の形態は左右非対称。まるでクワガタを
思わせるカッコよさ、そして採集の難しさから虫
マニアの間で隠れた人気を誇る。全種が多少とも
地下性の傾向を示し、地表近い場所に住む種は全
身黒いが、より深い層に住む種ほど全身が赤い。
日本では十数種が知られるが、まだ新種が相当眠っ
ていると思われる。
クライヤマオオズナガゴミムシは体長 13.3-17.9mm、
中部地方のある山塊で近年発見された種で、特に
地下性傾向が強い部類に入る。（下山良平氏採集）

都道府県
レッドリスト
長崎県

ツシマオオズナガゴミムシ
Pterostichus opacipennis JEDLIČKA

体長 20.0 – 22.0mm。長崎県の対馬に固有の大型種。体色は黒っぽく、艶消し調で雄々しい容姿をしている。この仲間としては地表かなり浅い辺りに生息する種で、雨上がりに地表を出歩く事もあるため見つけやすい部類に入る。島内での分布はかなり広い。

オオズナガゴミムシ類は、どちらかと言うと東日本にいる種のほうが、頭がより巨大かつ地下性傾向の強いものが多い。九州にいる仲間もカッコいいにはカッコいいのだが、東日本軍勢に比べるとやや大味な風貌。

都道府県
レッドリスト
長崎県

イキツキオオズナガゴミムシ
Pterostichus sakagamii MORITA

体長 16.7 – 19.0mm。記載された当時、「イキツキナガゴミムシ」の和名が提唱されていた。長崎県の生月島に固有の種で、頭部はあまり大きくない。

崩落地の岩の隙間に生息している。体色は黒いが、通常は地下のかなり深い所にいるため、要領を知らないとまず姿を見るのは無理。

地下性生物は
どのように種分化したか?

　小笠原諸島やガラパゴス諸島は、ほかの地域ではまった
く見られない数多の固有種※1の生物が生息することでよ
く知られている。世の中に島などいくらでもあるはずなの
に、なぜこれらの島だけが特筆して珍奇な固有種の多さを
誇るのだろうか。それは、これらの島が一度もほかの大陸
と地続きになった歴史をもたない火山島（海洋島）である
ことと関係している。火山島は、火山活動に伴う海底の隆
起によって誕生した島のことをさす。何せ、ある日突然何
もない大海原の海面から顔を出して現れた島なので、歩い
ては侵入できない。よって、ここに生物がやってくるため
には、空を飛んでくるか波間に漂う流木等に乗って流れ着
くしかない。そんな偶然によって運よく生きてたどり着い
た生物たちが、島という孤立した環境に隔離されながら幾
世代にもわたり代替わりを続けていった結果、ついにはそ
の島特有の生物として進化していったわけである。

　なお余談だが、しばしばテレビ等で「東洋のガラパゴス」
などと呼ばれる西表島は、大陸と地続きだった時代がある
ため、本来そう呼ばれるべき場所ではない。単に、島の成
り立ちを考慮しない人間たちが、余所では見かけない変
わった雰囲気の生き物がいる「自然の楽園」というイメー
ジだけで、勝手にそう呼んでいるに過ぎない。

※1 世界でもある特定の地
域だけに分布する生物種。昆
虫を例に挙げれば、ここでい
う「ある特定の地域」とは、国
レベルからごく小さな市町村
レベルまで、多岐にわたる。

◀ 大海原から小笠原の島々を
のぞむ。

|| 洞窟性生物は、洞窟特有の生物に進化した？

　洞窟性生物の種分化・進化に関しても、かつてはこのよ
うな考え方がなされていた。（より特殊化した）洞窟性生
物は、地下空間の暗黒・湿潤な環境での生存に完全に適応
してしまっているため、地上に出てしまうと有害な光線や
乾燥に耐えられず、短時間で死んでしまう。

　つまり、洞窟性生物は洞窟から外へ出て行けず、洞窟は
生息環境としてまるで島のように隔離されてしまっている
ため、洞窟ごとに固有性の高い特殊な生物の種が分かれて
いる、というのである。

　しかし、その考え方は正確ではなかった。はるか数千・
数万年前に形成された自然の洞窟内で奇妙な地下の生物が
見つかるというのならばまだ納得できるが、そうではなし
に人間が工事などでつい数ヶ月前（いや、下手すればたっ
た今さっき）に山肌をくり抜いて作ったトンネル内でさえ、
こうした珍奇な「洞窟性生物」がざらに見つかることがわ

かってきたからだ。

じつは地下を自由に行き来している

　洞窟という環境は、じつのところ地中にできた気密性の高い袋ないし入れ物のような場所ではなく、その内壁には大小無数の亀裂や隙間ができている。この隙間というのは、人間が到底出入りできないくらい狭い地下の空隙へとつながっている。

　我々がそれまで「洞窟性生物」と呼んでいたような生物たちは、実際には洞窟に限らずこうした「ごく狭い地下空隙」に生息するようなものだったのだ。我々人類は、自分たちが出入りできる大きさの地下空隙を洞窟と呼んでいるが、地下に住む生物の多くはとても体が小さく、体長わずか数mmクラスのものが標準サイズである。

　彼らにしてみれば、人の入れる大きさの洞窟も、幅数mmの砂利同士の隙間も同じこと。確かに、地下生活に特化した生物は、洞窟から地上へ這い出して出歩くことは考えられない。しかし、地下の空隙を伝い歩くことにより、じつは彼らは洞窟の内外を好き勝手に出入りしていたのである。

「洞窟性生物」ではなくて「地下性生物」

　地下に生息する微小な生物たちは、洞窟ではなく地下水脈を拠点にして生きていると考えられる。原則として、地下に生息する生物は乾燥にとても弱く、湿り気から離れて

は生きられない。また、日本中どこの地下にも一様に生物の生息できる空隙が形成されている訳ではないし、花崗岩地質のエリア（地下空隙に餌となる有機物がたまりにくい）のように生存不適の場所もある。こうした分布拡大の制限要因に縛（しば）られて生息範囲が限定されることが、地下性生物の目覚ましい地域ごとの種分化[※2] の原因と考えられている。

　さらに、度重なる地震や断層のずれなどといったイベントも、それまでひとつながりだった地下性生物個体群の分断・孤立化に加担したであろう。その意味では、当初の「島」理論もあながち見当違いの大間違いという訳ではなかったといえる。ともあれそうした背景から、私は本書において「洞窟性」という言葉よりも汎用性の高い「地下性」という言葉を意識して使うようにする。

　なお、「洞窟性」という言葉は、完全に死語となった訳ではない。例えば、ルーマニアの洞窟には世界的にも稀な地下性タイコウチ *Nepa anophthalma* DECU, GRUIA, KEFFER & SARBU が生息する。この洞窟は、内壁が粘土で隙間なく覆い尽くされているそうで、外界から完全に隔絶された空間となっている。驚くことに、過去550万年間にわたってその状態が保たれてきたことが、研究によりわかっている。こうした特殊な洞窟に固有の、先述のタイコウチのような生物は、真洞窟性生物と呼ぶにふさわしい。また、日本にも生息する微小な地下水性巻貝・ミジンツボ属 *Akiyoshia*（ヌマツボ科）は、日本産のものに関しては洞窟内部でのみ見出されるアキヨシミジンツボ亜属 *Akiyoshia* と、地表に湧き出す湧水や伏流水の吹き出し口などから見

※2　端的にいえば、ある一つの生物種から別の生物種が新しく誕生すること。多くは一つの生物種集団が、さまざまな要因で物理的に分断・隔離され、結果として互いに生殖できなくなることで起きる。

出されるサガノミジンツボ亜属 *Saganoa* とに大別されるが、
このうち前者は真洞窟性と呼ぶべきものであろう。

◀日本産ヒメタイコウチ *Nepa hoffmanni* ESAKI。東海・近畿などの限られた湿地に生息する。件の地下性タイコウチと同属。

一地域一メクラチビゴミムシの法則

　メクラチビゴミムシに代表される地下性の昆虫やクモ、ヤスデなどにおいては、一つの地域内に近縁な複数種が共存しない傾向が認められる（私はこれを"一地域一メクラチビゴミムシの法則"と呼ぶ）。恐らく、古い時代には今日よりはるかに少ない種数の地下性生物が住んでいたのだろう。しかし、その後の地殻変動などにより、地下性生物の集団は度重ねて生息する土地ごと分断され、孤立化していった。そんな中、個々の集団は互いに隔離されて交流で

きないまま幾世代にもわたり代替わりを続けていき、つい
には各々の地域でそこ特有の種として分かれていったのだ
と考えられる。もっとも、あくまでもこれは一般的な傾向
であり、個々の事例を見ていくと例外は結構ある。

　別頁でも解説するように、大阪府・和歌山県境にある山林
の地下空隙では3種（カダメクラチビゴミムシ *Trechiama
morii* ASHIDA、キタヤマメクラチビゴミムシ *Stygiotrechus
Kitayamai* S. UÉNO、タカモリメクラチビゴミムシ *S. kadanus*
S. UÉNO）の、また長崎県五島列島の洞窟では2種（ゴト
ウメクラチビゴミムシ *Gotoblemus ii* S. UÉNO、イアナメク
ラチビゴミムシ *S. pachys* S. UÉNO）の地下性ゴミムシが
共存するほか、四国ではしばしば複数種の地下性ゴミムシ
類において分布の重複が認められる。

　ただ、これらケースの大半は、それら共存する種が別々
の属のものであるため、互いにさほど近縁という訳ではな
い。他方、大阪府・和歌山県境の山林に共存する3種の
地下性ゴミムシにおいては、うち2種が同属である点で
異例だ。また、徳島県においては、同属で近縁な2種の
地下性ヤスデ（リュウオビヤスデ *Epanerchodus acuticlivus*
MURAKAMI、ホシオビヤスデ *E. aster* MURAKAMI）が
同所的に混在する例も知られる。地下性生物たちが見せる
分布様式は、過去にその土地で起きたさまざまな地史的な
出来事を反映しており、非常に複雑である。

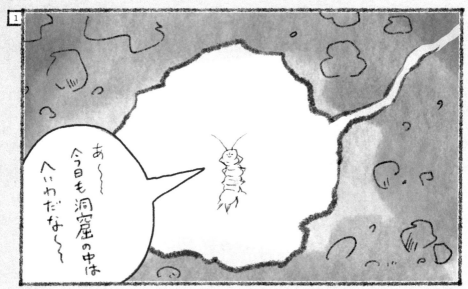

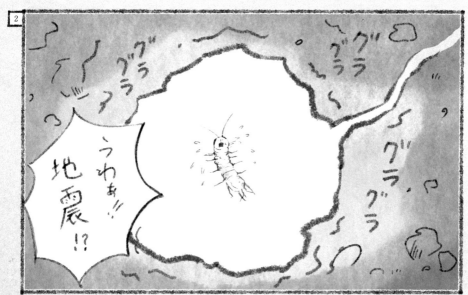

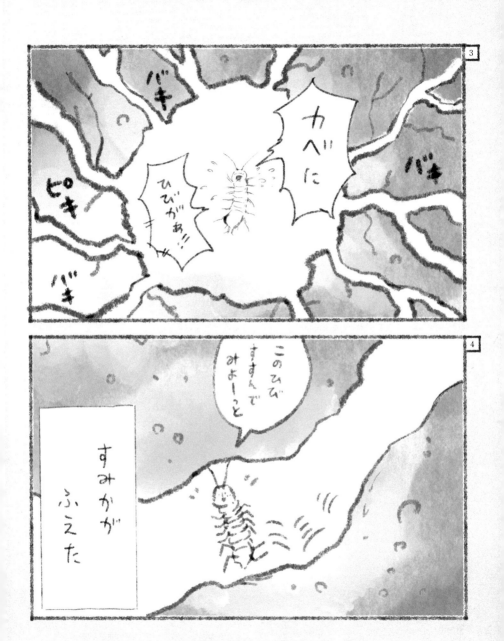

　小型種からなる水生甲虫の一群。有名なゲンゴロウ科 Dytiscidae に近いが、別科として扱われる。本科に含まれるムカシゲンゴロウ属 Phreatodytes の種は、地下水生活に特殊化しており、薄い体色と複眼のない顔が特徴的。国内ではこのほかゲンゴロウ科ケシゲンゴロウ亜科 Hydroporinae のメクラゲンゴロウ属 Morimotoa、メクラケシゲンゴロウ属 Dimitshydrus が同様に地下水に生息する奇怪な仲間だ。これら地下水性ゲンゴロウ類は、日本屈指の採集困難な昆虫として虫マニアの間では知られている。生息密度が極めて低いうえ、地下数 m 以深の水脈にしか住まず、事実上井戸ポンプを無限に漕いで水と一緒に偶然出す以外に採集の術がない。

サイトムカシゲンゴロウ
Phreatodytes archaeicus S. UÉNO

体長約 1.0mm。全身が透き通るようなベッコウ色で、複眼はない。体の随所に感覚器官の用をなすと思われる体毛が突き出るが、これは非常に繊細でやわらかく、水中にいるときにしか広がらない。宮崎県西都市を模式産地とし、井戸ポンプから汲み上げられた個体を元に新種記載された。他県では今のところ見つかっていない。水中では常に水底をあまり素早くない動きで這い回り、決して泳がない。ムカシゲンゴロウ属は国内に 7 種知られ、いずれもぱっと見の姿形は似通う。それぞれの分布域は基本的に狭く、また例外なく得難い。中には過去に 1 匹見つかったきりという種もいる。この仲間の食性ははっきりしないが、井戸水とともに汲み上げられたゴミのようなものを食べた例がある。(柿添翔太郎氏提供)

　ハネカクシ科は、細長い体型をした甲虫の仲間。前翅がとても小さく、その裏側に膜質の後翅を器用に畳んで隠しているのが名のゆかり。種数がべらぼうに多く、認知されている種だけを勘定したならば、甲虫の科の中で世界最多を誇る。それだけたくさんの種がいるため、その暮らしぶりも種により多彩。樹上から地表、川べりから海岸、そしてアリの巣や洞窟など、各々の環境においてそこに適応した種が見られる。日本においてはハネカクシ亜科やアリガタハネカクシ亜科のほか、アリヅカムシ亜科などで地下性傾向の種が認められている。

都道府県
レッドリスト

愛媛県
高知県

ラカンツヤムネハネカクシ

Quedius cephalotes
S. UÉNO et Y. WATANABE

　ツヤムネハネカクシ属は、多くの種が地表性で黒っぽい体色をしているが、地下性の種も少なからず知られる。地下性種は全身が赤っぽく、大型。日本では各地から地域固有性の高い複数種が見出されているが、外見はどれも似たり寄ったりで、正確な種同定には交尾器の形態を見る必要がある。山間部のガレ場や洞窟内で見出され、特に洞窟内ではグアノの堆積中から出てくることが多い。ほかの小動物を捕食するものと思われる。

　ラカンツヤムネハネカクシは体長約15.7mm。四国カルストの地下に生息する種。頭部はこの仲間としては大きめの部類に入る。洞窟内でグアノをほじくるとよく見つかるが、大抵は幼虫である。本種に限らないが、地下性ツヤムネハネカクシ類はなぜか幼虫の数の多さの割に、見つかる成虫の数がとても少ない。

ヒゴツヤムネハネカクシ

Quedius higonis
S. UÉNO et Y. WATANABE

体長約 13.3mm。熊本県の限られた石灰岩地帯に特有の種。ぱっと見の雰囲気は前種と大差ないように見えるが、やや細身で頭部も前種ほど大きくはない。ツヅラセメクラチビゴミムシと分布が重複し、同じ洞窟内に共存する。

フジツヤムネハネカクシ

Quedius sugai
S. UÉNO et Y. WATANABE

体長 13.5-14.6mm。富士山周辺に特有の種で、火山岩洞窟から発見された。この個体も、富士山麓のとある洞窟内で、多数の幼虫に混ざり見つかったもの。沢沿いの崩落地でも得られている。やはりぱっと見の雰囲気はラカンやヒゴと大差ないように見えるが、分布はそれらとはあまりにもかけ離れている。採集例の少ない珍しい種。

本種を含む地下性ツヤムネハネカクシは、基本的にどの種も普通種とは言えない。中でも、四国東部に分布するリュウノイワヤツヤムネハネカクシ Q. *kiuchii* Y. WATANABE et M. YOSHIDA は、1960年代に生息地の洞窟が石灰岩採掘で破壊されて以後、存在しているのかいないのかがはっきりしない状況になってしまった。

アリガタハネカクシ亜科は、触れるとその毒によりかぶれることで有名な衛生害虫・アオバアリガタハネカクシ *Paederus fuscipes* (CURTIS) を含む分類群だが、それ以外の面々は我々にとってまったく馴染みのない甲虫達である。

日本においてこの仲間に含まれる明確な地下性種としては、ナガハネカクシ属のものだけが知られているようだ。しかし、本属に含まれる全種が地下性というわけではない。

ナガハネカクシ属
Lathrobium sp.

ツヤムネハネカクシとは別の仲間で、多くの地下性種を含む。主に日本の西南部を中心に多数の種が知られているが、外見はどれも似たり寄ったり。全身が赤黒く、ヘビのように細い体で地下空隙をすり抜ける。体長1cm前後の種がほとんど。洞窟のほか、沢の源流の地下浅層を掘っているとよく出てきて、沢沿いの石を裏返すだけでも見られることがある。掘ってこれが出る場所からは、大抵メクラチビゴミムシも出るため、それ狙いの時には勝利の近さを教えてくれる「祝福の天使」だ。九州産の個体群は長らく分類学的な整理が十分でなかったが、2023年にまとまった分類学的な検討がなされ、いくつもの新種が記載された。なお、2020年に広島県庄原市産の個体を元に新種記載された種には、同地比婆山の未確認生物ヒバゴンにちなみ、ヒバヤマヒメコバネナガハネカクシ *L. hibagon* SENDA と名付けられている。

福岡県で発見された個体。沢の源流の石下から得られた。

福岡県の、前種とは地理的に離れたエリアで発見された個体。

大分県で発見された個体。沢沿いの砂礫交じりの地下40cmくらいから出た。

　　3-4mm サイズの小型の甲虫類で、種数が多い。シデムシの名があるが、本当のシデムシ科ではなくタマキノコムシ科。基本的に腐食性で、動物の死体や糞に集まるほか、アリの巣に生息するものもいる。日本では数種が洞窟内で多く見られ、それらは脚がひょろ長いなど地表性種とはやや異なる外観を呈するが、複眼が退化した種はほとんどいない。また、しばしば洞外で見つかることもあり、メクラチビゴミムシほどは形態・生態ともに地下生活に特殊化しない。ただし、ヨーロッパの洞窟に住むこの仲間は、数ある地下性甲虫の中でも究極最強に地下生活に特化した部類で、とにかく奇怪な姿をしている。

　　残念ながら私が生きた姿を見つけられなかったので本書に収録しないが、タマキノコムシ科ではほかにタマキノコムシ亜科 Leiodinae のドウクツメナシタマキノコムシ Typhlocolenis uenoi HOSHINA が、複眼の退化した地下性種として記載されている。

ホソガタチビシデムシ
Catops nipponensis JEANNEL

体長 4.0-5.2mm。九州の洞窟内で見出される種で、写真は熊本県産。コウモリが多数生息する洞窟内にしばしば多産し、グアノ溜まりの上におびただしい個体数が群がっている。洞外で見つかる事もある。

シコクチビシデムシ
Catops hisamatsui Y. HAYASHI

体長 3.6-4.8mm。本州西部と四国に分布。洞窟の周辺や内部に生息し、やはりグアノなどの有機物に集まってくる。発達した翅を持ち、洞外で飛翔中の個体が得られたこともある。好洞窟種として知られる日本産チビシデムシ類は、すべて外見が似たり寄ったり。写真は徳島県産。

| 甲虫目 Coleoptera | ガムシ科 Hydrophilidae | ハバビロガムシ亜科 Sphaeridiinae |

ガムシ科は国内外を問わず水生昆虫の仲間として知られ、科名 Hydrophilidae もまさしく「水を好む」の意だ。他方、本科は小型の陸生種を相当数含む分類群でもある。陸生種は多くが腐食性で、動物の糞や腐った植物のほか、アリの巣や洞窟に生息する変わり者の種も知られる。地下性傾向を示す種が知られるが、少なくとも日本産種は眼が退化しない。

ドウクツケシガムシ
Cercyon uenoi SATO

都道府県
レッドリスト
熊本県

体長 2.7-3.2 mm。九州のごく限られた洞窟にだけ住む丸っこい甲虫で、地面に堆積したコウモリのグアノの中に潜り込んでいる。グアノを餌に生きているようだ。近年、個体数が減っているらしい。

| 甲虫目 Coleoptera | コガネムシ科 Scarabaeidae | マグソコガネ亜科 Aphodiinae |

コガネムシ科の仲間は、ごく大雑把には植物の葉や樹液を餌にするグループと、動物の糞や死体などを餌にするグループとに大別される。日本ではこのうち、後者のグループにおいて比較的地下性傾向の強い種が若干知られる。

ダルママグソコガネ
Mozartius testaceus NOMURA & NAKANE

環境省
レッドリスト
情報不足

都道府県
レッドリスト
千葉県
神奈川県

体長 4.8-5.5 mm。本州各地から知られるが、地域毎に種分化しているとの見方もなされている。この属の仲間は地中に掘られた小型哺乳類の坑道に生息し、その糞を餌とするらしい。（柿添翔太郎氏提供）

　チョウやガの仲間で地下での生活に特殊化した種、地下に住むことが生存の必須条件であるような種は、少なくとも国内では知られていない。一方、休眠場所として洞窟を好んで利用するガの仲間がわずかに知られている。

プライヤキリバ
Goniocraspidum pryeri (LEECH)

前翅長 17.0-19.0mm。全身オレンジがかった褐色の、さほど大きくないガ。幼虫期は春から初夏で、ウラジロガシなどブナ科の樹木の葉を食べて成長する。成虫は夏期に羽化するが、その後多くの個体が洞窟や廃坑に入り込んで休眠する。そのまま越冬して、翌春に洞外で産卵するようである。洞窟に入ると、しばしば壁や天上におびただしい数のこのガが、体表にびっしり水滴を蓄えて止まっているのを見かける。休眠中、洞窟内に住むコウモリに食われる個体がかなり多いことがわかってきた。また、多湿な環境下で体からカビを生やして死んでいる個体も目立つ。明らかに生存に不適と思われる洞窟を、なぜわざわざ休眠場所に選ぶのか、よくわかっていない。

本種のほか、日本では小笠原諸島から知られるホラズミクチバ *Speiredonia inocellata* SUGI も、日中の隠れ家に洞窟や隧道（ずいどう）を使う性質が顕著。また、ヒロズコガの一種で洞窟内のコウモリのグアノから発生する種が最近確認されているが、外見は地表性の近縁種と大差ないようだ。

| 直翅目 Dictyoptera | カマドウマ科 Nocticolidae | — |

いわゆる便所コオロギと呼ばれる、バッタ・コオロギの親戚筋。長い触角と発達した後脚を持ち、活発に跳ね回る。雑食性で、手近な場所にあるさまざまな有機物を餌とする。日本だけでも種数は多く、また多くの種で多少なりとも洞窟を隠れ家とする性質が見られる。特に、南西諸島の石灰岩洞窟には特有の種が多いようである。しかし、少なくとも国内で複眼が退化するほどまでに特殊化した地下性種は確認されていない。

イシカワカマドウマ属の一種
Paratachycines sp.

体長 10.0mm 程度の個体。熊本県の石灰岩洞窟で撮影。キュウシュウカマドウマ *P. kyushuensis* SUGIMOTO et ICHIKAWA の模式産地で撮影したが、本種との確証は持てない。

アカゴウマ
Paratachycines ogawai
SUGIMOTO et ICHIKAWA

体長 8.0-10.0mm。四国の限られた洞窟とその周辺で見出されている。胴体は赤褐色で模様はない。前脚と中脚の腿節端に棘がないという、ほかの日本産カマドウマ類にない特徴をもつ。

*ホラズミウマ
Tachycines horazumi (FURUKAWA)

各地の洞窟内で見られる、大型で多少とも黒と褐色の模様が出る本種は、今は地表にも生息するカマドウマ *Diestrammena apicalis* BRUNNER と同種という扱いになっている。

極めて小型のゴキブリで、体色が薄く、地下生活に特殊化している。東南アジアからアフリカにかけて、熱帯地域を中心に分布する。日本では南西諸島から1種のみが知られるが、後述のように今後増える可能性がある。また、私は南西諸島とは別に、小笠原諸島でも明らかに別の種を見つけている。

都道府県
レッドリスト
沖縄県

ホラアナゴキブリ
Nocticola uenoi uenoi ASAHINA

体長4.0-5.0mm。ガラスのように繊細で透き通った姿をした、小型のゴキブリ。南西諸島に分布し、島によって3亜種に分かれている。ただし、研究者によっては亜種を独立種と見なすべきという意見もあるようだ。基亜種たるこの亜種は、沖縄本島、与論島、沖永良部島から得られた個体を元に記載されたが、その他の島々にも広く分布すると思われる。メスは翅がなく、オスはあるものの短く退化していることが多い。複眼の退化度合は、個体により大きく変動する。累代飼育していると、稀に翅と複眼が通常のゴキブリ並みに発達した個体が出現する。石灰岩洞窟に生息するほか、山間部の湿潤なガレ場の石下、アリやシロアリの巣から見つかることもある。アリの巣に関して、これまで沖縄本島で私の調べた限り、オオズアリ *Pheidole noda* SMITH の巣から出たこともあるが、圧倒的にオキナワアギトアリ *Odontomachus kuroiwae* (MATSUMURA) の巣から出る頻度が高い。このアリが生息しているならば、かなり宅地化されたエリアに取り残された城跡などでもしばしば見られる。

キカイホラアナゴキブリ

Nocticola uenoi kikaiensis ASAHINA

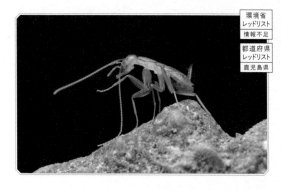

環境省
レッドリスト
情報不足

都道府県
レッドリスト
鹿児島県

体長4.0-4.5mm。鹿児島県の喜界島からのみ見つかっている、ホラアナゴキブリの亜種。ぱっと見の外見は、沖縄本島などにいる基亜種の個体と大差ないが、体格はやや小型のようだ。喜界島の中心部の山間地にある、比較的大きな洞窟から見出された。しかし、最初の発見場所の洞窟は、近年の台風災害のために洞口がつぶれて進入できなくなったという。私は近隣の別の洞窟でも見つけているが、ここは規模が小さい上に観光整備されており、この虫の生息には不適な環境になりつつある。

ミヤコホラアナゴキブリ

Nocticola uenoi miyakoensis ASAHINA

環境省
レッドリスト
絶滅危惧
II類

都道府県
レッドリスト
沖縄県

体長4.5-5.0mm。宮古島の洞窟内から得られた個体により記載されたホラアナゴキブリの亜種。最近では、石垣島・西表島などに分布する個体群もこの亜種と見なすようで、写真の個体も西表島産。全体的に、基亜種よりもほっそりした印象がある。洞窟のほかアリやシロアリの巣内から得られているが、特に宮古島において発見の難易度は、基亜種に比べて恐ろしく高い。宮古島にはオキナワアギトアリなど居候先として適した大型ハリアリ類が分布せず、また洞窟性コウモリが絶滅しているため、糞という形で餌となる有機物が内部に堆積した洞窟もないから。最初に発見されたのは、後述のミヤコモリゴキブリと同じ島南部の洞窟内だが、ここは現在観光地として内部が相当に改装されている。（杉本雅志氏提供）

ホラアナゴキブリの一種
Nocticola sp.

体長 4.0mm 程度の個体。小笠原諸島の母島の山中で、著者が発見した種。ガレ場でアリの巣の調査をするため石を起こしたときに、少なくない個体を見た。アリの巣の中にいる個体も見られた。

| 網翅目 Dictyoptera | チャバネゴキブリ科 Blattellidae | — |

　著名な害虫を含むことで知られるチャバネゴキブリ科には、「モリゴキブリ」と名のつく種が複数属にわたり幾つか存在する。「モリゴキブリ」の各種は、日本では主に南西諸島を中心に分布しており、その多くはその名の通り森林の地表で生活している。一方、宮古島をはじめいくつかの島に住む「モリゴキブリ」は、洞窟の内部やその周辺で見つかることが多い。

ミヤコモリゴキブリ
Symploce miyakoensis ASAHINA

| 環境省 |
| レッドリスト |
| 絶滅危惧 |
| II 類 |

| 都道府県 |
| レッドリスト |
| 沖縄県 |

体長 13.0mm。宮古島からのみ見出されている、小型のゴキブリ。翅は短く飛べないが、羽ばたくことは可能（一回だけその瞬間をこの目で見た）。本種は、夜間は洞口から外界へしばしば出歩き、また複眼も退化せず、ホラアナゴキブリほどは地下生活に特殊化していない風貌。原記載以後、長らく発見されなかったが、近年少しずつ採集例が増えてきたようだ。宮古島のあちこちに点在する石灰岩洞窟周辺に生息すると思われるが、最初に発見された島南部の洞窟は、観光地および酒蔵として内部が改装された。

column　地下性生物に迫る脅威③「石灰岩採掘」

石灰は生活に必須のマテリアル。食品、建材など万の用途に使われる。日々我々が当り前に使うそれは、どこから来たものなのか。それは、山だ。

国内にあるいくつかの石灰岩地帯では良質な石灰岩が採掘でき、大がかりな採掘事業が展開された結果、各地の石灰の山は度重ねて削られていった。石灰岩地帯は、長年にわたる雨水の浸透を通して地下に空隙ができ、結果としてそこを拠り所とする数多の地下性生物を育んだ。それらもろとも、我々は石灰岩地帯を木っ端微塵に蹂躙してきたのだ。「石灰は国内で唯一自給可能な鉱物」などと言われるが、自給と言っても今ある分をただ食い潰しているだけ。失われた山も生き物も、もう元には戻らない。

環境省のレッドリストには多くの地下性生物が選定され、うち相当種数において、石灰採掘によりそこから姿を消した、あるいは今まさに消えゆく経緯をもつ。彼らはいずれも狭い分布域を示すため、彼らの今滅びゆく様は、地球上から滅びゆく様と同義だ。

だが、普段テレビで「カリュウホラヒメグモ危うし」等のニュースを見るだろうか。地下性生物には、各地で観光の客寄せを兼ねて保護される下手な「絶滅寸前の」チョウやトンボより、冗談抜きで絶滅寸前のものが多い。他方、その希少さの反面、彼らはあまりにも地味すぎた。美しい翅も、美声ももたない。この令和の世、国の特別天然記念物イリオモテヤマネコでさえ、未だに「気をつけろ」の

看板を道端に立てる以外、交通事故防止策がまともにとられないこの日本だ。こんな地味でキモい虫共の生死など、些末な事。ましてそれらは、我々の生活を支える素材の産出場所にいる。客寄せにもならず、文字通りクソの役にも立たぬ虫の命と人間の生活とを天秤にかけるなど、愚考の極み。採掘業を生業とする人々からすれば、「ムシが飯を食わせてくれるのか」という話だ。学者連中が「学術的に貴重で云々」と声高に叫んだところで、彼らにとってはタワ事に過ぎない。

我々は生活のため、見えない数多の生物達の死に目を背けつつ、今後も山を大なり小なり破壊し続けるしかない。だから我々は日々の何気ない生活が、いかに多大なる小さきもの達の犠牲の上に成り立つかを知り、常に心のどこかにそれを留めていなければならないのだ。だから、こんな陰気な本が存在している。

山体の上半分がない大分県津久見市の鉱山。地元民は恐らく誰一人、そこにコゾノメクラチビゴミムシがいたこともいなくなったことも知らない。

コゾノメクラチビゴミムシの、現存する全個体のタイプ標本。万が一破壊しても、もう代わりはない。国立科学博物館蔵。

　ガロアムシ目は、大雑把にはバッタやコオロギなどを含む直翅目に近縁な分類群である。かなり原始的な昆虫で、氷河期の生き残りとされている。日本においては5-6種が認められているものの、分類学的整理によって今後大きく変動すると予想される。この仲間の昆虫は、東日本では山間部のガレ場の比較的地表浅い辺りから見つかる事が多く、また複眼がある。対して西日本では、軒並み洞窟など地下のかなり深い所で発見され、複眼を欠く。ひょろひょろした体格に似合わず性質は獰猛で、不用意に近寄るほかの昆虫にはたとえ同種であっても襲いかかって食い殺す。

| 環境省 |
| レッドリスト |
| 情報不足 |

| 都道府県 |
| レッドリスト |
| 香川県 |

チュウジョウムシ
Galloisiana chujoi GURNEY

　成虫の体長は恐らく30.0mm程度。香川県沖に浮かぶ女木島の人工洞窟内に生息する、無眼のガロアムシ。1961年、メス1個体に基づいて記載されて以後、長らく発見例が途絶えていたが、2000年代に再発見された。この洞窟は観光地化が著しく、照明器具の過剰な設置もあいまって生息環境の悪化が進んでいた。再発見以後、観光協会がこの虫の存在意義に理解を示し、熱を発しないLEDライトに差し替えるなどの配慮がなされているようだ。恐らく島内の山沢に分け入り、地下浅層を掘っても見つかるはずだが、島内の人通りが少ないエリアはイノシシ捕獲用の罠が仕掛けられており、迂闊に立ち入ると危険。

環境省
レッドリスト
絶滅危惧
ⅠB類

都道府県
レッドリスト
長崎県

イシイムシ
Galloisiana notabilis (SILVESTRI)

成虫の体長は恐らく 30.0mm 程度。ガレ場に生息する無眼のガロアムシで、かなり深い地下空隙にいる。1927年、長崎県の道ノ尾で見つかった幼虫に基づき記載されて以後、採集地点を含む周囲一帯が広域に宅地化したため、長らく生息が確認されず、絶滅が危惧された（同時に、本当にこの地域でこの種が採集されたのか自体を疑う向きもあったほど）。2000年代になって、模式産地から遠くない山林にて本種と考えられる個体が発見されるに至った。生息密度はとても薄く、また相当大きな石を起こす必要があり、とにかく発見は至難。下手をすれば腰を痛める。

ガロアムシの一種
Galloisiana sp.

体長は 20.0mm 程度。愛知県の洞窟で見つかった個体。複眼は退化している。東日本では山沢のガレ場でよく見つかるガロアムシだが、洞窟内でもしばしば見つかる。洞窟内の個体は、複眼が退化していることが多い。ただし、黒い色素が抜けて目立たないだけで、複眼の構造自体は残している個体も散見されるという。写真の個体がどちらかは、ちゃんと捕まえて調べなかったので不明。

シミは原始的な昆虫で、しばしば人家の中で古本の糊や、乾物を食害する害虫として知られている。ほっそりした体形の種が多く、腹端には一対の尾毛を備え、その間からさらに一本の尾糸を伸ばす。その中でもメナシシミ科は、その名の通り複眼を欠く種で構成され、日本ではアリの巣内に寄生して暮らすアリシミ亜科と、自由生活するメナシシミ亜科が存在する。

メナシシミの一種
Nicoletiidae sp.

尾糸を含めて体長 15.0mm 程度の個体。日本産メナシシミ亜科の種は、これまでメナシシミ *Protrinemura insulana* MENDES & MACHIDA ただ1種が喜界島の洞窟から知られるだけだった。写真の個体は、四国のとある山中で地下浅層から複数得られた個体の一つで、ほぼ確実に新種。動きは素早く、流れるように岩屑の隙間を出入りする。

column カマドウマよもやま話

本書で紹介したイシカワカマドウマ属（p.69）など、洞窟に住む種の多くは同定が困難なばかりか、日本各地にまだ名前のついていない種が相当数存在するとされる。しかも、一つの洞窟内でさえ外見での識別が困難な既知種と未知の種が混在していた事例もあり、素人が安易に洞窟で見た個体を図鑑で既知種と同定するのは危険だ。解説中で「キュウシュウカマドウマであるか確証が持てない」とした理由がそれである。

アカゴウマは、日本産カマドウマ類としては一番洞窟内での生活に特殊化した部類の一つと言えるだろう。本種を脅かすと数回跳ねて逃げようとするが、すぐに後脚が痙攣してその場から動けなくなる傾向が見られ、ほかのカマドウマ類よりも明らかに活動性が低い。

節足動物門 Arthropoda

内顎綱 Entognatha

トビムシ目 Collembola | トゲトビムシ科 Tomoceridae | —

　トビムシの仲間は、通常我々の目に触れる昆虫達（昆虫綱）とはやや異なる内顎綱という分類群として扱われている。おびただしい種数が含まれ、その多くは土壌中から得られるが、海岸や樹上、洞窟など多種多様な環境からも見出される。洞窟に生息する種は多数の科から相当数が知られ、とても私一人ではカバーしきれない。なので、本書ではトゲトビムシ科の1種のみ掲載した。

スズカホラトゲトビムシ
Plutomurus suzukaensis YOSII

　ホラトゲトビムシ属は、代表的な地下性トビムシ類の仲間の一つで、各地に特有の種を産する傾向がある一方、地表性の種も知られる。トゲトビムシ科の種は一般的に、全身が細かい毛や鱗で覆われている。しかし、ホラトゲトビムシ属の地下性種は全身が白っぽく、体表面に毛や鱗は少ない。
　スズカホラトゲトビムシは体長3.5mm。本州と四国に分布し、洞窟内で見出される。眼はないが、本来眼があるであろう部分には黒い色素が沈着している。洞窟内の石の下や、コウモリのグアノ溜まりなどで見られる。この種に限らず、洞窟内においてトビムシ類はあからさまに有機物の堆積した場所に個体数が多い。写真は静岡県産。

　ナガコムシの仲間は、トビムシ同様に通常の昆虫とは別のムシとして扱われる分類群である。全身白色で、翅や眼はない。腹部の先端からは、一対のしっぽ（尾角）が生える。2015年時点で国内からは13種知られていたが、本稿で記すように分類学的な研究が進めばこれから種数がさらに増えると思われる。主に森林の土壌中、石下から見つかるが、洞窟で見つかるものもいる。

ナガコムシの一種
Pacificampa daidarabotchi SENDRA

　体長9.5‒10.1mm前後。しっぽ（尾角）の長さ7.9‒10.2mm。せいぜい体長3‒4mm程度のものが多い日本のナガコムシとしては、破格の巨大種と言える。洞窟内の石下で見つかり、動きは風のように素早い。この種に限らないが、ナガコムシは体がとにかく軟弱で、特にしっぽはすぐ切れてしまうため、無傷で捕まえるのが難しい。洞窟に見られるナガコムシは俗に「ホラアナナガコムシ」と呼ばれ、普通の土壌性の種に比べて明らかに体の付属物が長く、体も大柄だ。しかし、研究者が少ない分類群ゆえ、これがそういう特別な種なのか、土壌性の種が洞窟で暮らすとこういう姿になるだけなのか、長らくはっきりしなかった。本種は2018年、福岡県北部のカルスト台地地下にある洞窟から得られた個体を元に新種記載された。学名は、日本の伝説上の巨人ダイダラボッチ（デェダラボッチ）に因む。本種と同時に、福岡県内の別の洞窟から得られた個体も、新種 *P. nipponica* SENDRA として発表された。

ナガコムシの一種
Pacificampa sp.

体長は尾角まで含めると 30-40mm 程度あり、巨大種といえる前種よりも明らかに巨大。山口県、秋吉台にある洞窟内で見られた個体。研究者の間では昔から「アキヨシホラアナナガコムシ」などの名で呼ばれてよく知られているが、今なお学名が付いておらず、学術的にはこの世にまだ存在しないことになっている種。

column 地下性生物と新型コロナ

　令和の世を脅かす新型コロナウイルス。元々コウモリの保有するものが変異し、ヒトへの病原性を得たものらしい。つまりコウモリのものとはすでに別物故、ヒトがコウモリにこのウイルスを「返せ」ば想定外の病原性を彼らに発揮し、大量死させる懸念がある。コウモリは害虫の捕食、種子の散布等、生態系にて重要な役割を担う動物だ。ヒトがコウモリに与えうる負の影響を抑えるべく、彼らとは安易に接触すべきでない。

　2020年に IUCN（国際自然保護連合）は、研究者に対してコウモリへの接近を伴う調査を自粛せよとの声明を出した。コウモリのいる洞窟に当面入るなという意味だ。誰よりも地下性生物を愛する私は、己の舌を嚙み切る思いで入洞を自粛し、3年が経つ。

　本書は日本の地下性生物を幅広く収録するよう努めたが、その顔ぶれには偏りがある。本来、各地へ生物達を撮影しに行くはずが、時世柄遠征に出られず掲載種を増やせないため、志半ばで世に出さざるを得なかった。コロナ禍だろうと何も考えず洞窟へ特攻すればよかっただろうが、私は己の貧しい写真ストックをいくばくか増やすことと、生き物達の安寧とを天秤に掛けたら、後者のほうが重かった。愛するが故に会いに行かなかった。

　本書ではチビゴミムシなど属レベルで重要な種が相当欠け、南西諸島の珍奇な種もほぼ載せられなかったのが本当に悔しい。ありえないことだが、それでももしこんな本がそれなりに売れたなら、いつかリベンジとして増強改訂版を出したい。ミズダニ類も、地下水性巻貝もたくさん載せてやる。必ずだ。

入洞できぬ身にとって、井戸漕ぎは地下性生物との貴重な触れ合いの時。

闇に輝く小さな宝石

　日本の地下性生物において、おびただしく種が多様化したグループといえば、チビゴミムシ亜科（オサムシ科）を置いてほかにないだろう。体長数 mm 程度の種で構成されるこの小型の甲虫類は、国内だけでも 400 種近くが知られ、そのほとんどが地下空隙に住むものばかり。しかもそのほぼすべてが、世界でも日本の地下空隙にしか生息しない。

‖ 地下性生物は「広」所恐怖症

　この仲間で地下に生息する種は、暗黒世界での生活に適応した関係で複眼も翅も退化させており、「メクラチビゴミムシ」と呼ばれる（種により、その退化の程度は変わる）。視覚をもたない彼らはしかし、匂いに敏感な触角や杖代わりの体毛で周囲の様子をうかがい、盲目とは思えないほど敏速に暗闇で活動する。基本的に、彼らはいつも狭い砂礫同士の隙間に挟まるように暮らしており、その長い体毛の先端が常に何かに触れていないと落ち着かない。つまり、「広」所恐怖症であるため、生きた個体を写真に撮るときには、小さい上に一瞬でも立ち止まらない彼らをファインダー越しに追っかけ続けねばならず、難儀する。

　あまりこの場で話題にしたくないのだが、メクラチビゴミムシはしばしばその名が倫理的観点から問題視される生き物の筆頭だ。単に、ゴミムシという虫の分類群の中に、主に小型種で構成されるチビゴミムシというサブグループがあり、さらにその中でも地下生活に特化して眼が退化し

たメクラチビゴミムシというサブグループがあるという意味でしかない。視覚障碍者への侮辱の意図など一切なく、ただ「眼がない」ということを示しているだけなのだが、現在でいうところの差別用語連発な、そのインパクトのあるネーミング故、世間ではあたかも最初から学者が「よし、俺なんか今すげームカついてる気分だからこいつの名前は……」などと適当に命名したかのように誤解されている。結果、インターネットでメクラチビゴミムシというワードなど検索しようものなら、「こんなひどい名前の生き物がいる」のような、ただ面白おかしく茶化すだけの低俗なサイト記事ばかりが引っかかってくるし、それら記事にぶら下がっているコメントも「命名者は頭がおかしいのか」だの、「○○メクラチビゴミムシ（特定の種に対する和名。大抵、○○の部分に人名や地名が入る）なんて、○○に失礼だと思わないのか」だのと、頓珍漢な罵詈雑言のオンパレードになるのが通例だ。それ以外のことで、世間の人間共がメクラチビゴミムシを話題にすることなど、絶無。

　日本にいるメクラチビゴミムシたちの分布は、過去に起きた地殻変動を如実に反映した結果、長い年月をかけてこの狭い国土の中で400種近くもの仲間に分化して、現在の状態となった。生物地理学的な観点からみて、これほどまでに面白い生き物などそうそうほかにいない。しかもこういう、地域ごとに細かく種が分かれている生物分類群というのは、大抵すぐにどこかの研究者が網羅的にサンプルを各地から集めた上、DNA解析などチャチャッとやってその進化の歴史を解明してしまうものだが、何しろ地下深くに住むメクラチビゴミムシは、1匹採るだけでも比喩表現

無しに粉骨砕身せねばならぬほどサンプルが集めにくく、そうした研究は（特に日本国内では）まだほとんど行われていない。

　名実ともに面白さしか隠していない、とても魅力的な生物なのに、所詮ヒト如きが付けた名前程度のことでしかこの虫のことを面白がれない人間ばかりの世なのは、じつにつまらない。だから、本書ではこれ以後、「メクラが差別がどうのこうの」の話は一切せず、この生物の本当の学術的な面白さだけを語ることにする。

　ちなみに、巷では和名のこと以外誰も話題にするつもりがないメクラチビゴミムシだが、ラテン語で付けられる学名（属名）はめちゃくちゃカッコいいものばかり。その響きたるや、忘れかけていた「中二病の心」を呼び戻させる。眼帯つけて、包帯巻いた震える右腕を押さえつつ、地面に描いた六芒星の魔法陣の真ん中に跪き、「トレキアマ、ラカントレックス、ヒミセウス、マスゾア、クスミア、ヲロブレムス……！」[※1] と唱えてみればいい。

メクラチビゴミムシは夢のある分類群

　メクラチビゴミムシは、世間一般からの評価とは裏腹に、虫マニア連中からは非常に高い人気を誇る。理由はその形態的な美しさ、希少性、そして何より採集の難しさによる。彼らは、どの種も透明感のある真紅あるいはベッコウ色の体色を呈しており、洞窟で岩肌を駆けるその姿をヘッドライトで照らせば、まさに闇に輝く小さな宝石だ。そして、再三述べたように彼らは種毎に極めて狭い分布域をもった

※1 *Trechiama*（ナガチビゴミムシ属）、*Rakantrechus*（ラカンメクラチビゴミムシ属）、*Himiseus*（キウチメクラチビゴミムシ属）、*Maszoa*（ヒダカチビゴミムシ属）、*Kusumia*（キイメクラチビゴミムシ属）、*Oroblemus*（キタメクラチビゴミムシ属）の順。

め、ピンポイントの生息地までわざわざ行って探さなければ、その種は絶対に採れない。

　しかも、メクラチビゴミムシは、ただ生息地に行けば採れるような安っぽい虫ではない。地下世界に住む彼らを採るためには、当然ながら我々もその地下世界に分け入らなければならない。深い洞窟の奥に入るのは、しばしば遭難や落盤、地形によっては墜落などの危険を伴う。虫マニアたる者、ただ洞窟に入ってメクラチビゴミムシが採れるだけでも十分うれしいが、そこまで危険な思いをして洞窟に入るならば新種発見など、学術的に貴重な知見まで同時に得たいと思うのが人情だ。だがじつのところ、日本の洞窟内で得られるメクラチビゴミムシ類は、すでに偉大な先人らによる精力的な調査活動により、その種類相がほぼ解明され尽くしている。なので、洞窟に入るのはかかる労力の割に新知見があまり期待できないという現実がある。そこで近年、多くの虫マニア連中は別の方法でメクラチビゴミムシを集めることが多い。それが、洞窟も何もない場所でひたすら地面を掘って探す、通称「土木作業」だ。

　何しろ、メクラチビゴミムシは洞窟に限らず地下の隙間にいるのだから、地面を直接掘って彼らをつまみ出せばよいのである。山間部の沢沿いの崖など、地下に隙間が多く湿気がある場所に行き、スコップで地面を一気に1mくらい掘り下げる。すると、やがて地下伏流水に当たるので、今度はその伏流水面に沿って水平に掘り進んでいく。すると、運が良ければこの手の甲虫が1匹くらい出て来るのだ。作業の途中で休むと、掘削の際の振動や空気の流通の変化に驚いた虫がどんどん奥へ逃げて行ってしまうので、休ま

ず一気に畳みかけるのがコツだ。ただ、この「掘ったら出る場所」の見定めには相当な熟練を要する。ダメな場所を何時間掘っても、何も出ない。もとより、この土木作業はとにかくきつい。そこまでの苦労をして、何も出なかった時の肉体的・精神的疲弊は計り知れない。しかし、1匹でも出て来たなら、それまでの労が一気に吹っ飛び、随喜の涙を流すことになるだろう。

　先のメクラチビゴミムシ研究者たちは、洞窟を中心に調査を行ってきた関係で、こうした「何でもない場所の地下」までは十分に調べ尽くしていない。よって、この方法では新種を発見できる可能性が高く、事実毎年のように各地から新種のメクラチビゴミムシが、何種も記載されている。夢のある分類群なのだ。

|| メクラチビゴミムシは「生きた歴史書」

　日本国内に400種近くもいるメクラチビゴミムシたちの分布様式は、過去にこの日本で起きた地殻変動のさまを、如実に反映したものとなっている。例えば、四国（愛媛県産）の種に近しい仲間が、瀬戸内海を隔てた対岸の本州（中国地方）に分布していたり、あるいは九州の東部沿岸に分布する種と酷似した種が、豊後水道を隔てた対岸の四国（佐田岬半島）に分布していたり……。

　基本的に、地下でしか生きられないメクラチビゴミムシが海を泳いで陸地から陸地へと渡ったとは考え難く、これら分布は古の時代に四国と中国地方ないし九州が地続きであったことの表れと考えられる。まさしく、メクラチビゴミムシは

「生きた歴史書」と呼んで差し支えない生物であろう。

　ところが、ごくわずかながら非常に不可解な分布様式を示す例が知られている。島根県にある宍道湖の東側に位置する中海（なかうみ）の真ん中に、大根島（だいこんじま）という火山島がある。かつて、大学時代にとっていた火山学の授業中、教員が「昔は地図にある地名は右から左に読む場合が多かった。初めて地図上で大根島を見たとき、私はこんな辺鄙（へんぴ）でよくわからん島の真ん中に島根大があるのかと、大層驚いた」という下らない雑談をしていたのを、今でも覚えている。閑話休題。

　この大根島内には天然記念物となっている洞窟が2つあるのだが、1970年、それらのうち片方の洞窟で得られたというメクラチビゴミムシが新種記載された。イワタメクラチビゴミムシ *Daiconotrechus iwatai* S.UÉNO というその種は、当時それまで周辺地域はもとより日本国内で見つかっていた、どの種とも雰囲気の異なるものであり、一体なぜこんな種がこの島だけにぽつんといるのか、昆虫学者たちは不思議がったという。それから時は流れて2007年、この謎めくイワタメクラチビゴミムシに直近と考えられる新種のメクラチビゴミムシがようやく見つかった（しかも2種も！）という論文が発表された。そう、発表されたにはされたのだが、驚くべきはその見つかった場所だ。何と、島根県の大根島から海を隔ててはるか西、長崎県の対馬だったのである。ただでさえ不可解な分布をしているイワタメクラチビゴミムシの親戚が、これまた対馬くんだりで見つかるというのは、一体どういう了見であろうか。

　しかし、その後まもなく、対馬からさらに海を隔てた遠く中国の浙江省（せっこうしょう）で、イワタメクラチビゴミムシや件の対馬

の2種に非常に近縁と考えられる、また別の新種のメクラチビゴミムシ *Wulongoblemus tsuiblemoides* S.UÉNO が発見されたのだ。これによって、彼らの奇妙な分布のさまを説明しうる、とある一つの可能性が示唆された。

　中国の長江は、古くから大規模な氾濫を起こしてきた川と言われている。こうした大河川でひとたび氾濫が起きれば、川の流域周辺の土砂が大量に削り取られて一気に流され、海まで到達してしまう。こうした土砂と一緒に、地下に住んでいたメクラチビゴミムシまでもが海まで流されてしまい、漂流の果てに運よく日本の島嶼まで生きて流れ着いたものの末裔が、今の大根島や対馬にいるものだという。にわかには信じ難いが、現状としてこれが彼らの分布のさまを一番合理的に説明できる仮説のようである。もし、これが真実だとするならば、滅多に起きないであろうこととはいえ、メクラチビゴミムシが生きたまま海を水平移動することはある、ということになる。何とも、すごい話である。

‖　剛毛の生え方が重要な鍵

　そんなメクラチビゴミムシの不思議な分布様式を研究するにあたっては、当然ながらまずそれを研究したい人間が彼らを見分けられるようにならねばならない。ゴミムシ類の体表面には、無色透明かつ極細の幾つもの剛毛が生えている。以前にも述べたように、地下空隙に住み視力を欠くメクラチビゴミムシの場合、こうした剛毛はおそらく自分の周囲の状況を把握する上で重要な感覚器官となっている。メクラチビゴミムシの新種を論文で発表する際、その

種の全身図を論文中に入れることになる。最近では写真で済ますこともあるだろうが、スケッチ画の場合、実際には肉眼で見えづらいこのような剛毛もちゃんと書くため、現物よりもはるかに刺々しい、まるでヤマアラシのような姿に見えてしまう。もちろん、この剛毛は外敵に対する攻撃や防御の機能は一切なく、逆に不用意に指で触ると取れてしまうほど繊細でもろい。

　メクラチビゴミムシにおいて、体を覆う剛毛の生え方は分類を行う上で比較的重要なカギだ。彼らの上翅の表面にはスジ（条線）が何本も走ることが多いが、このうち左右の上翅の合わせ目から数えて3番目と5番目のスジ上に立つ剛毛の位置や本数は、属や種ごとに特有の特徴が出やすい。このため、論文や図鑑などで彼らの種ごとの解説文を書く場合、上翅の3番目と5番目のスジ上に立つ剛毛の本数を併記するのが普通だ。例えば3番目のスジ上に2本、5番目のスジ上に1本立っているならば、2＋1と表記する。このように剛毛の本数を表記したものを「剛毛式」という。

　日本に住む大抵の種では、剛毛数は3番目と5番目ともに1〜3本の間に納まるが、四国に住むケバネメクラチビゴミムシ *Chaetotrechiama procerus* S.UÉNO の場合、（4-6）＋（3-6）にまでなり、本当に針のむしろのような様相だ。

◀ オンタケナガチビゴミムシ *Trechiama lewisi* （JEANNEL）。本州中部山岳地帯に分布。機能的な複眼を備え、林内の石の下に住む。多少とも地下性を示す種が多いナガチビゴミムシ属の中では、最も地表生活に適したタイプの種。

節足動物門 Arthropoda

クモ綱（蛛形綱）Arachnida

クモ目 Araneae　｜　イボブトグモ科 Nemesidae　｜　—

　クモ類には、国内外を問わず複数の科から相当数の地下性種が知られている。本書では日本産クモ類のうち、比較的地下性傾向の強いとされる（されていた）種をいくつか選んで掲載した。主に南西諸島産のものを中心に、今回掲載できなかった種は多いが、それは私が数多の不運により、彼らと出会い撮影することができなかったからに他ならない。

　イボブトグモ科は原始的なクモの一群で、土中に内壁を糸で裏打ちした巣穴を作る種が多い。日本からは1種のみ知られる。日本産種はかつて「洞窟性」とされたが、地下生活は生存に必須ではないことが後にわかってきた。

クメジマイボブトグモ

Sinopesa kumensis
SHIMOJANA & HAUPT

体長 7.0-10.0mm。がっしりした体格で、体色は成熟すると薄い黒紫色。未熟個体は薄い桃色で、遠縁なワシグモ科 Gnaphosidae のクモに一見そっくりだが、牙はより巨大。本種の同属近縁種は、タイ北部や中国南部にいる。沖縄県の久米島だけに分布し、湿潤な森林や洞窟内から見つかる。石や倒木裏に荒く糸を引き回した巣穴を掘って獲物を捕らえるらしいが、詳しい生態は不明。沖縄県レッドデータブックには本種が洞窟・森林環境の破壊のほか、マニアの乱獲で絶滅に瀕するとある。マニアの採集自体よりも、採集の過程で地面の石などをずらしたまま放置し、地表を乾燥化させることが問題に思える。

洞窟で見た体色の薄い幼体。

森林の石下で見た成体。

その名の通り、洞窟や大きな岩場の隙間など湿度の高い冷暗所に限って生息するクモの仲間である（北海道に分布するエゾホラヒメグモ *Nesticus zenjoensis* YAGINUMA はその限りではない）。メクラチビゴミムシ同様、各地でかなり複雑な種分化を遂げており、生物地理学的に見て興味深い。全体的に透き通るような褐色をしており、脚が長い。どの種も岩場の隙間に、乱雑に糸を引きまわしたような網を張る。そこから地面に向かい、数本の真っ直ぐな糸を張り巡らせる。これら糸は、接地部から1cm内外の範囲のみ粘着物質が覆っていて、たまたま歩いてきた獲物がこの糸に触れた途端、接地部が切れて獲物は宙吊りとなる。これに糸を投げつけて拘束し、巣の上方へ釣り上げてからゆっくり吸収する。

| 環境省 レッドリスト |
| 絶滅危惧 II類 |
| 都道府県 レッドリスト |
| 静岡県 |

フジホラヒメグモ
Speleoticus uenoi (YAGINUMA)

体長 2.9-3.1mm。富士山周辺の火山岩洞窟群のうち、古い年代に形成されたいくつかの洞窟にしか分布しない。ただし、洞外の腐葉土堆積中から見つかった例もある。ホラヒメグモ科には、体が小さめの種群（短肢型）と大きめの種群（長肢型）が存在するが、本種は日本で唯一その中間型を示す。体色は薄いベッコウ色で、腹部には常に模様がない。また、通常ホラヒメグモ類は顔に8個の単眼を持つが、本種は退化傾向が顕著。世界遺産にもなり、観光開発が進む富士山界隈のこと、生息環境の悪化により個体数が激減している。既知産地の一つ、静岡県の岩波風穴では、2014年以後私が再三にわたり探索しているが、コウモリのいないこの洞窟内で、このクモが最も生息する可能性が高い洞口から10数m以内（外部からの有機物の流入により、餌のトビムシ等が発生しやすい）でさえ、過去3年間でただ1個体を見つけたのみ。

アキヨシホラヒメグモ

Nesticus akiyoshiensis akiyoshiensis
(UYEYAMA)

体長 3.5 - 6.0mm。山口県のカルスト台地一帯周辺の地下に広く生息する種。洞窟の暗がりを注意して探すと、あちこちにぽつぽつ見つかる。複数の亜種に分かれ、秋吉台を流れる厚東川を境界として東側に本亜種が、西側に別亜種オフクホラヒメグモ N. *akiyoshiensis ofuku* YAGINUMA が分布する。体が小さめの種群に属するホラヒメグモ類は、ご

く狭い地下空隙でも営巣できるため、近所の畑や雑木林にあるモグラの穴など身近な場所でも見られる。しかし、体が大きめの種群の場合、営巣のために一定の広さの空間を要すること、環境の変化に対する耐性が低いこと等から、洞窟のような安定した環境に依存した分布を見せる傾向が強い。

都道府県
レッドリスト
長崎県

ウンゼンホラヒメグモ

Nesticus yaginumai IRIE

体長 4.3 - 4.5mm。長崎県に固有の種で、なおかつ県内で見られる唯一の大型ホラヒメグモ。雲仙岳山頂近くで確認されているほか、西彼杵半島の砂岩洞窟でも見つかっている。前者の産地は火山性

の小さな洞窟で確認されているだけで、確認された個体数は少ない。後者の洞窟は観光地化が顕著で、洞内地面の舗装化と過剰に設置された照明により、このクモの営巣環境が悪化している。

ヒゴホラヒメグモ
Nesticus higoensis YAGINUMA

体長 4.0-5.0mm。九州の北部から南部にかけての石灰岩洞窟で見ることができる、九州での最普通種。ホラヒメグモ類の種同定はぱっと見の外見ではできず、専らオスの触肢の形態などによらねばならないが、どこの洞窟で見つかったかにより、ある程度は種の見当はつけられる。

都道府県
レッドリスト
大分県

カリュウホラヒメグモ
Nesticus karyuensis YAGINUMA

体長 3.4-4.5mm。大分県の極めて狭い範囲の石灰岩地帯に特産する。洞窟や湿度の高い地下空隙、岩場の裂け目の奥に住む。本種の分布するエリアは、大半が石灰採掘の鉱山と重なっているため、近い将来産地の大半が採掘により壊滅することが決まっており、すでに消滅した産地の洞窟もある。しかし、本種は例によって別段保護されてはいない。

都道府県
レッドリスト
大分県

フウレンホラヒメグモ
Nesticus furenensis YAGINUMA

体長 3.7-5.5mm。大分県のごく限られた石灰岩地帯にのみ分布し、他の近縁種とは分布が重ならない。主要な生息地たる石灰岩洞窟は徹底的に観光整備がなされて荒らされ、このクモの生息できるエリアは非常に狭くなった。写真は、孵化直後の仔グモと同居するメス。

都道府県
レッドリスト
大分県

ミカワホラヒメグモ
Nesticus mikawanus YAGINUMA

都道府県
レッドリスト
愛知県

愛知県
指定希少
野　　生
動植物種

体長4.0-5.0mm。愛知県の特定の石灰岩洞窟とその周辺の岩陰にのみ分布する。大きめの種群の一種で、体色はオレンジ色。目につく個体は腹部に模様のないものが多いが、稀にある個体もいる。生殖器の形態が特異であり、近隣地域でこれに分類学上直近と考えられる種はほかにいない。誰もこんなもの好き好んで捕まえないと思うが、愛知県の条例で希少野生動植物に指定されており、勝手に採集できないので注意。なお強調すべきことだが、採集禁止以外の保護策は別段取られていない。

　マシラグモ科は血色の悪い、非常に軟弱な風貌のクモの仲間。薄暗い森林の腐葉土中や石下、そして洞窟に生息し、乾燥にはからきし弱い。岩同士の隙間に、とてもきめ細かいシート状の水平な網を張り、その裏側に張りつく体制で獲物を待ち受ける。単眼は6個あるが、種によっては退化傾向を示し、時には完全に欠失する。移動能力に乏しいため各地で独自の種に分化しており、その種数はおびただしい。国内だけでも相当種数が知られるが、分類がかなり難しい上に専門の研究者も少ないため、まだ大半の種が命名されないまま残っているらしい。

フジマシラグモ

Falcileptoneta caeca YAGINUMA

体長 1.5-1.7mm。富士山周辺に点在する、火山岩洞窟に特有の種。日本産マシラグモ科の中でも一、二を争うほどの地下生活に特化した種で、しばしば単眼を完全に欠き、のっぺらぼうの顔をしている。本種に限らないが、マシラグモの仲間は脚の生え際が構造色になっており、光を反射して紫色に妖しく輝く。

都道府県
レッドリスト
静岡県

ウデナガマシラグモ

Masirana longipalpis KOMATSU

体長約 2.7mm。別名ウデナガヒナマシラグモ。南西諸島の石灰岩洞窟内で見られる。分布は比較的広く、沖縄本島から八重山諸島まで記録がある。単眼は完全には退化しないようだが、ガラスのように透き通った体色、長い脚など地下生活への適応が強く認められる。オスの触肢（牙の両脇から出ている、短い脚のようなもの）は非常に長く、体長を優に超す。

都道府県
レッドリスト
沖縄県

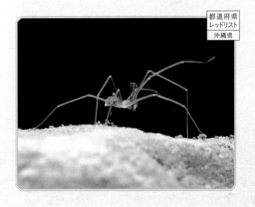

マシラグモの一種 1

Leptonetidae sp.

体長 1.0mm 前後の個体。山口県の洞窟で見つけた種。単眼はあるが、かなり小さくて目立たない。

マシラグモの一種 2

Leptonetidae sp.

体長 2.0mm 前後の個体。熊本県の洞窟で見つけた種。脚がとても長く、外見が美しい。九州では明らかに多数の種が分布しているのだが、正式に命名された種はまだ限られるようだ。

マシラグモの一種 3
Leptonetidae sp.

体長 1.0 mm 前後の個体。長崎県の洞窟で見つけた個体。まるで深海を漂うが如し。

---

column ヒラタゴミムシとナガゴミムシのよもやま話

私が実物を発見できなかったため本書で紹介しなかったが、ホラアナヒラタゴミムシ属の *Ja* 亜属の代表種・ジャアナヒラタゴミムシ *Jujiroa ana* (S.UÉNO) は、愛知県豊橋市にある石灰岩洞窟、嵩山の蛇穴を模式産地とし、愛知県内のいくつかの地点で見出されている。当初は静岡県にもいるとされたが、それは後に別種 *J. anoides* SASAKAWA（和名なし）として記載され直したため、本種は完全に愛知県固有の昆虫となった。

近年、この虫はインターネット上で極めて下らない紹介のされ方をしたため、検索エンジンでは現在この虫に関する碌な情報が得られない。また、本種は現在蛇穴では絶滅状態らしく、私は過去数年間で 20 回以上ここに来たが、一度もこの虫を見たためしがない。

大型の地下性ゴミムシを捕らえる地下トラップは、いつ標的がかかるかわからず、回収に行ったころにはすでに内部でずっと前にかかっていた虫が死んでいることが多い。本書のクライヤマオオズナガゴミムシは、トラップ内で奇跡的に生きたまま回収された貴重な個体だ。

薄暗く湿った森林内の石下、岩陰や洞窟に生息するクモの仲間で、種数が多く地域固有性が高い。生態はどの種も似通っていて、岩盤などの表面に土砂の粒を糸でつづったＹ字状の住居を作り、その中にいる。特定の洞窟やその周辺にだけ住む種が相当するが、原則としてどれも外見での種同定は難しい。基本的に有眼の仲間で、無眼の種は地下性傾向の強い種の中でもごくわずか。

イツキメナシナミハグモ
Cybaeus itsukiensis IRIE

環境省
レッドリスト
絶滅危惧
Ⅰ類

都道府県
レッドリスト
熊本県

体長 3.6～4.3mm。数ある洞窟性ナミハグモの中でも、地下生活に究極に特化した種の一つ。単眼はまったくなく、まるで坊さんの頭のようにツルツルした頭（頭胸部）をもつ。熊本県の特定の洞窟からのみ発見されている珍種で、洞窟のある程度深部まで入らないと見つからない。ツヅラセメクラチビゴミムシと同じ洞窟に共存するが、それゆえ前述のような生息上の危機に晒されている。

ナミハグモの一種
Cybaeus sp.

体長 4.0mm 程度の個体。熊本県の、とある深い縦穴
の底で見られた種。イツキメナシナミハグモのように
完全に無眼だが、やや脚が長く見える。

| クモ目 Araneae | サラグモ科 Linyphiidae | ― |

クモ類の中でも莫大な種数(世界で約4,400種、国内で約280種）を誇る一群で、体長 1 - 8 mm 程度の小型種からなる。基本的に地表に生息し、落ち葉の間などにその名の如く皿（あるいはハンモック）のような網を張り、そこに裏面から張りつくような体制で獲物を待ち受ける種が多い。薄暗く湿った場所を好むため、しばしば洞窟の入り口などでこの類のクモの巣を見かけるが、完全に外気の影響を受けないような地下に住む種は、少なくとも国内では稀。

都道府県
レッドリスト
栃木県

ホラアナサラグモ
Porrhomma ohkawai SAITO

体長 1.7 - 2.4 mm。全体的に薄い褐色で、単眼は著しく縮小する。脚はひょろ長く、弱々しい。日本産サラグモ科の種としては例外的に、地下生活に高度に特化した部類に入る。長らく、世界でも栃木県内のとある石灰岩地帯にある、近接した 2 つの洞窟だけが産地として知られたが、近年兵庫県でも見つかったようだ。外気の影響を受けない洞窟の深部に住み、岩の隙間に繊細なシート状の網を張る。これの直近の種は、四国のとある洞窟だけに住むラカンホラアナサラグモ *P. rakanum* YAGINUMA and SAITO とされる。栃木県の生息地は、2019 年の台風 19 号の影響で道中の林道が激しく崩落し、立入禁止となった。新型コロナの影響も手伝って現地の復旧作業が遅々として進まず、著者は以後本種の生息状況を調べに山へ入れていない。

ほっそりしたクモのような外見の、しかしクモとは別系統の生物の仲間。どの種もせいぜい体長1cmにも満たない。クモのように胴体が頭（頭胸部）と腹部の2つに分かれているが、大半のクモとは異なり腹部には節の構造がある。4対ある脚のうち一番前の1対が最も長く、これを前方に突き出して周囲を探りつつ歩く。腹部末端には尾節と呼ばれる部位があり、メスは単なる棒状なのに対してオスは種毎に特徴的な形態を示す。この形を、お灸に使う灸に見立てたのが名の所縁。

行動は極めて敏速で、肉食性。土壌中や洞窟の地表面を徘徊し、居合わせたほかの小動物に素早く襲いかかる。そして、口元から生えるハサミ状の鋏角で捕らえて食う。日本からは4種知られ、いずれも南方の島嶼域だけで見られる。

ウデナガヤイトムシ
Bamazomus siamensis (HANSEN)

体長5.0-7.0mm。日本産ヤイトムシの中では大型の種。写真は宮古島産のメス個体だが、オスは尾節が柄のついたラケットのような形で、先端がW字に切れ込んでいる。洞窟内に好んで生息し、湿った石や泥の塊の下に潜む。洞外の石下で見つかることもあるようだ。前進も後退も素早く、見つけてもあっという間にどこかの隙間に隠れてしまう。大東諸島から知られるダイトウヤイトムシ*Apozomus daitoensis*（SHIMOJANA）も洞窟内に生息するが、これも洞外で見つかる場合があるという。なおウデナガヤイトムシ、ダイトウヤイトムシともに、従来それぞれウデナガサワダムシ、ダイトウサワダムシの和名が当てられていたが、ここでは島野・佐々木（2023）に従った。

> カニムシは尾のないサソリのような姿をした、微少な動物。触肢が変化したハサミを使って、ほかの生物を捕らえて食う。通常、ハサミの先端には毒を分泌する腺の開口部をもち、獲物を挟むと同時に毒を注入して仕留める。
>
> 土壌中、樹皮下、洞窟、海岸、はては人家の中など、種によりさまざまな環境に生息している。ツノカニムシ科は基本的に土壌中に住む仲間だが、地下生活に特化した種もいる。

ラカンツノカニムシ

Pararoncus rakanensis (MORIKAWA)

都道府県
レッドリスト
愛媛県

体長 4.0-5.0mm。四国の限られた石灰岩洞窟にだけ住む。体格の割に著しく長いハサミを持つ珍奇な種。このハサミのせいで、本来の体長よりもはるかに巨大に見える。本種に限らないが、カニムシを脅かすとまるでザリガニがそうされたときのように素早く後ろへ飛び退く。前進するよりはるかに高速で後退できる生物である。

カニムシの仲間はどの種も微小だが、中でもツチカニムシ科の面々は体長わずか 2-3mm 程度。殊更に微小な種で構成されているグループである。本科のカニムシは、ハサミの先端に毒腺を持たない。

ツチカニムシ科の仲間
Chthoniidae sp.

ツチカニムシ科のカニムシ類は多くが土壌性だが、中でもメクラツチカニムシやシロツチカニムシと呼ばれるグループは地下生活に特化しており、土壌性種にはある単眼をまったく持たない。体の色素はごく薄く、またハサミは普通の土壌性種に比べて長く鋭い傾向にある。日本各地の洞窟や地下浅層から多数の種が知られており、メクラチビゴミムシのように地域固有性が高い。ただし、カニムシ類は専門の研究者がとても少ない分類群であり、まだ名前の付かない種もいる。今後、地下性種を中心に分類体系が大きく変更される可能性がある。

北海道の沢沿いの地下から掘り出した個体。

岩手県の沢沿いの地下から掘り出した個体。キタカミメクラツチカニムシ *Pseudotyrannochthonius undecimclavatus undecimclavatus* (MORIKAWA) と考えられる。

静岡県の火山岩洞窟で見つけた個体。コマカドシロツチカニムシ *Allochthonius ishikawai uenoi* MORIKAWA と考えられる。

愛知県の石灰岩洞窟で見つけた個体。

徳島県の石灰岩洞窟で見つけた個体。

福岡県の石灰岩洞窟で見つけた個体。

| カニムシ目 Pseudoscorpionida | ヤドリカニムシ科 Chernetidae | — |

多数の種を含む仲間。その多くの種が、ほかの昆虫や動物の体表にハサミでしがみつく習性をもつ。これは、「乗り物」として便乗している状態であり、「ヤドリ」と銘打つものの寄生ではない。

オオヤドリカニムシ

Megachernes ryugadensis MORIKAWA

体長約 5.0mm の大型種。北海道から本州南部の平地や山地に分布するという文献がある一方、四国や九州でも記録がある。せいぜい体長 3–4mm が通常サイズのカニムシ類にあって、破格の巨大さ。艶消し調のガッチリしたハサミのインパクトも相まって、怪獣のようなカッコいい生き物だ。ネズミなど小型哺乳類の体にしがみついて移動するとされ、地中に作られたそれらの巣でまとまって見つかることもある。コウモリの多い洞窟では、グアノの堆積中からしばしば多数の個体が出る。コウモリにも便乗するのだろうが、実際にコウモリ体表から得られたという話は聞かない。最近、本種がネズミの巣内に吸血のためやってくるマダニ類を捕食する習性が判明した。

　ザトウムシは系統的にはダニに近い動物で、多くはアズキのような丸っこい胴体から針金のようにひょろ長い8本の脚が生えた、特徴的な容姿をしている。その中にあって、カマアカザトウムシ科の面々は比較的ゴツい体型をしており、脚もこの類としては著しく長いわけではない部類に入る。ザトウムシの仲間には少なからず洞窟に進入する種が知られるが、地下生活に特化した種は国内ではほとんど知られていない。カマアカザトウムシ科に含まれるコシビロザトウムシの仲間は、日本産ザトウムシ類の中では一番地下生活に特化した部類に入るものの、洞外で発見されることもしばしばある。

環境省
レッドリスト
絶滅危惧
II類

都道府県
レッドリスト
沖縄県

クメコシビロザトウムシ
Parabeloniscus shimojanai SUZUKI

体長4.0mm前後。沖縄県久米島だけから知られる（渡嘉敷島にも産するとの資料あり）。オスは4番目の脚の付け根がツノ状に変形し、奇怪な宇宙生物のよう。主として石灰岩洞窟の奥に生息し、恐らく動きの鈍いほかの生物を捕食しているものと思われる。詳しい生態はよくわかっていない。島内にかつて3か所知られていた産地たる洞窟のうち1つは、古くに農地開発のあおりを受けて消失した。ほかの2か所も、生息状況はあまりよくないようである。日本産コシビロザトウムシは日本から3種知られており、本州の紀伊半島からコシビロ *P. nipponicus* SUZUKI、沖縄本島・宮城島・伊計島からはオヒキコシビロ *P. caudatus* SUZUKI が見つかっている。それらとは別に、私は屋久島からオヒキコシビロに酷似した種を多数個体見つけている。それらはすべて、石下に形成された小型哺乳類の坑道内から出た。オヒキコシビロは腹部末端が槍のように突き出ており、クメコシビロとはまた違った奇観を呈する。

メス個体。オスはさらにいかつい体形をしている。眼がない個体もいるらしい。

屋久島南部の森林で、小型哺乳類の坑道から見つかった個体。個体数は少なくなかった。

体長 2.0-3.0mm の小型種が多い仲間で、日本から8種が記録されている。最大の特徴は、口元から生える触肢の様。これが太い上に表面が細毛で覆われており、まるで試験管を洗うブラシにも似た様相を呈することが名の所縁だ。地表性の仲間であり、北日本や東日本の高標高地では、日陰の崩落地で石の下に珍しくない。一方、九州など西日本に行くほど地表付近で見つけることが至難で、洞窟内などある程度地下に入り込んだ環境において見つかる傾向が強い。その点では、ガロアムシ類の生息状況に似通っている。九州特産種のフセブラシザトウムシ *Sabacon distinctum* SUZUKI は、現状では洞窟の深部でのみ発見されている。本種は1968年12月に1頭得られて以後、発見されていない。

イマムラブラシザトウムシ
Sabacon imamurai SUZUKI

体長 3.3-4.9mm、この仲間の中では日本最大種。北海道、本州、九州に分布。写真は長野県産で、標高1,100m前後のブナ林内にあるガレ場で見つけた。

マキノブラシザトウムシ
Sabacon makinoi SUZUKI

体長 2.0-3.0mm、北海道、本州、四国に分布。写真は福島県産で、石灰岩洞窟内に多数見られた。森林の土壌中や石下でも見つかる。西日本、特に九州でブラシザトウムシを発見するのは難しく、私は先述のフセブラシザトウムシを再発見すべく2016年の1年間で数回ほど生息地の洞窟に潜るも、無様に敗北を喫している。

ダニ目 Acarina	アギトダニ科 Rhagidiidae	―

　土壌動物としてよく知られるダニだが、地下空隙での生息に特化したと思われる種は、少なくとも国内では公式にはアギトダニ科からしか知られていない。反面、「ミズダニ」と呼ばれる水生のダニ類では、地下水中に限って見出され、外見の非常に珍奇な種が国内だけでも多数知られている。今村（1977）の時点で、その既知種数は15科23属68種にも及び、その全種が日本固有というから驚く。

アギトダニ科の一種
Rhagidiidae sp.

体長1.5mm程度の個体。写真は愛媛県産で、石灰岩洞窟内深部の石下に見られた。行動は極めて素早い上に動きが容易に止まらず、この個体は15分程ノンストップで岩の表面を走り続けていた。

ダニ目 Acarina	ウシオダニ科 Halacaridae	―

　大半を海産種が占めるダニの仲間で、1,100種余りが記録されている。波打ち際の海藻や海底の砂礫間隙などが彼らの主要な住処だが、一部の種は地下淡水産。

ウシオダニ科の一種
Halacaridae sp.

体長1.0mm以下の個体。写真は茨城県水戸市の井戸から得られたもので、動きは緩慢。採集地はヒメウシオダニ *Parasoldanellonyx typhlops japonicus* IMAMURA の模式産地に近いが、それとは別種らしい。

種の同定と「土木作業」

　野外で見たことのない生き物を見つけた場合、それが一体何という名前の生物なのかを知りたくなる人は少なくないであろう。このように、対象とする生物の種を調べることを、「種を同定する」という。昆虫の場合、これが大型で目立つ模様をしたチョウやトンボであれば、そこらの書店で売られている図鑑に出ている絵や画像とを見比べる「絵合わせ」でも十分に種を調べることが可能ではある。

　しかし、地下性生物となると話が変わってくる。一般的に地下性生物は、メクラチビゴミムシにせよヤスデにせよ、外見が近縁種間でよく似通っているというケースが少なくない。つまり、ぱっと見で種を同定することができない（しかも悪いことに、この手の生き物はそこらの図鑑にはまず載っていないのが普通だ）。ではどうするかと言うと、ぱっと見ではわからないような細かい体のパーツを慎重に観察していくことになる。特に、生殖器の形態は重要だ。これの観察にはしばしば解剖などの、面倒くさい作業が必要となる[1]。

同定したけりゃオスを採れ！

　昆虫など陸上節足動物の場合、生殖器の形態は種により厳密に決まっていることが多い。そうでないと、違う種の昆虫同士で交尾してしまい、限りある寿命と体力を意味のない子作りに費やす羽目になりかねないからだ（ただし、この辺りの話は昆虫の分類群により事情がだいぶ異なると思われる）。そして、その生殖器形態の違いというのは、

※1　地下性生物は地域固有性が高く、また同所的に複数の近縁種が共存しない傾向があるため、いちいち解剖せずとも便宜的に「このエリアで見つかったならばこの種だ」と判断することは、一応可能ではある。しかし稀に、既知の種と外見の酷似した未知の新種が共存する例もあるため、やはりきちんと標本を精査した上で同定しないと危険だ。

特にオス個体のそれ（つまりオチンチン）において顕著に
出やすい。だから、昆虫やクモ、ヤスデを新種として記載
する場合、オスの生殖器の形態を論文に図示するのが普通
である。ここまで書けば、聡明な読者なら私が何を言いた
いかがわかるであろう。すなわち、正確に地下性のゴミム
シなりクモなりヤスデなりの種同定をしたければ、それら
のオスの個体を絶対に捕まえないといけないのである。

　しかし、ただでさえ採集の難しい地下性生物の、しかも
オスだけを狙い澄まして採るというのは不可能だ。大変な
努力をして、深い地下からたった1匹のメクラチビゴミム
シをめでたく採ることができたとしても、それがメスでは
種がわからない。当然、これまでに発見されたことのない
新種かどうかも調べられない。このように、過去にメス個
体しか採れていないせいで、本当は幾つもの状況証拠から
判断して新種に違いないのに新種として発表できぬまま、
標本が博物館などに「塩漬け状態」のままのメクラチビゴ
ミムシは数多いと思われる（ヒトボシメクラチビゴミムシ
の項 p.29 を参照）。

　なお蛇足だが、前述の「チョウやトンボならば図鑑の絵
合わせで……」という話も、本当は正しくない。チョウや
トンボだって、新種記載の際にはちゃんと標本にした上で
オスの生殖器形態は調べるし、正確な種の同定にも解剖と
いうプロセスは必要だ。ただ、日本にいる限りは、アオス
ジアゲハやシオカラトンボなど大型で目立つ昆虫には外見
が瓜二つの別種が分布しないから、図鑑の絵と見比べて種
の見当が付けられるというだけの話である。単なる「絵合
わせ」のことを、同定とは言わないのだ。

　最近、デジタルカメラを使って誰もが簡単に野外で昆虫
の精巧かつ精密な写真を撮影できるようになってきた。そ
の関係で、「昆虫はもはや網で採らず写真で撮るべきだ」な
どという人間が巷には多い。中には、過剰なまでに昆虫採
集者を見下し、SNSやら自身のブログやらで「今日はどこ
どこの山で虫を採ってる奴がいて、見ていて極めて不快だっ
た」だの「こういう前時代的なことをして喜んでいる奴は、
一日も早く目を覚ましてほしいものだ」だのと宣うカメラ
マン気取りも少なくない（経験上、特にチョウやトンボを
撮影する人間にはこういうことを言いがちな輩が多い）。

◀ アオスジアゲハ *Graphium
sarpedon* (LINNAEUS)。地面
で吸水する。

　ほかの野生生物がどうかは知らないが、少なくともムシ
（ここでは節足動物全般をさす）の研究手法という点で、
その生きた姿を写真に残すことと現物を捕らえて標本にす
ることは、どちらも同等に長所短所をもつ。大抵、標本に

された昆虫はみすぼらしく変色・変形して、生時の状態と
はかけ離れた状態になってしまう。本音を言えば私だって、
ピンで刺されて干物になった昆虫よりは、生き生きとした
姿で写真に映し出された昆虫のほうが、よっぽど魅力的だ
と思う。

　しかし、写真に撮った昆虫は、どんなに生時の生き生き
とした姿を写し取れたとて、後でその個体を裏返して体の
反対側を観察することすらできないという欠点がある。
じゃあ表側と一緒に裏側も撮影しておけばいいじゃない
か、と簡単に言う人間は、恐らく野外で生きた昆虫相手に
撮影などやったこともない人間だろう。

　胴体の裏側だけではない。虫の種によっては、体表面を
覆う微細な毛の形や生え方、上唇の形や表面を覆う点刻の
状態そのほか、普通にファインダー内に被写体としてフ
レーミングした程度の倍率では詳細のわからない形態を観
察して、初めて種がわかるものだっている（いや、むしろ
それが普通である）。「どうせ後でテキトーに調べれば種類
くらいわかるだろう」と思って、深く考えずに外で写真1
枚だけ撮ってきた昆虫を、後日その写真のみで同定しよう
として検索表※2を開き、その1行目を見た途端、その写
真の角度からはまったく写って見えていない「頭部を下側
から見たときに、大顎裏側に溝がある（なし）」を確認せ
ねばならないことがわかり、以後詰むなどという経験は数
知れず。

※2 その分類群の生物種を同
定するための、フローチャー
ト式の表。その生物分類群の
持つ形態的な特徴を1つ1つ
確認しながら読み進め、最終
的に正確な種へとたどりつく。

▲ カエルキンバエ *Lucilia chini* FAN。ハエ類は外見で種同定しがたい昆虫類の筆頭だが、この種は例外的に体毛の並びをよく見ればそれとわかる。

　写真には写真の、標本には標本のよさというものがある。二者は互いに相補的なものであって、どちらか一方がすぐれている訳ではない。私は長年、撮影も採集も行ってきたが、年を追うごとにその考えをより強固なものにしつつある。デジタルカメラの入手ならびに扱いの敷居が低くなるにつれて、多くの人々がカメラを依り代として身のまわりの自然に興味を持つようになったのはいいことなのだが、その反面前述のように、少なくとも虫マニアの間では「カメラで撮る派」と「網で採る派」の二極化が顕著となり、その対立も激化してしまったように思う。果たして、デジタルカメラは虫マニアを幸せにしたのだろうか。私にはわからない。つい、地下性昆虫とは何ら関係のない愚痴を並べてしまった。

地下世界へ誘う追憶の地下性昆虫

◀ クボタアリヅカコオロギ
Myrmecophilus kubotai
MARUYAMA。アリの巣に侵
入し、餌を横取りして生きて
いる。アリが巣仲間認識に使
う体表成分をはぎ取って自分
にまとうため、アリから存在
を怪しまれない。

　人に話すとすぐその内容の信憑性を疑われるのだが、私
は2歳の頃から、すでにメクラチビゴミムシという生物の
存在を知っていた（ちなみに、アリの巣に居候して餌のお
こぼれを盗み食いするアリヅカコオロギという、体長
3mm程度のコオロギの存在も当時から知っていたし、実
際に捕獲して遊んでいた。そして大学進学後、それの研究
で博士号までとった）。

　当時、住んでいた借家からさほど遠くない距離のところ
に観光地化された洞窟があり、父親はたまに気が向くとそ
こへ私を連れて行った。その入り口でもらえるパンフレッ
トには、この洞窟内に生息している生物の紹介文が記され
ていたのだが、その中にここに生息する種のメクラチビゴ
ミムシの粗いスケッチ画（原記載論文から転載したであろ
うもの）が載っていたのである。もっとも、誤植なのか当
時そのイラストの脇には「○○メクラチビゴミムシ」では
なく「○○チビコムシ」と書いてあったため、私はそれ

をチビコムシという名前の生き物だと思っていたのだが。全体的にそのパンフレットの記述は誤字脱字だらけで、「コオモリ」だの「ネズミコウモリ」だのと、存在しない生物の和名も書いてあった。

　名前はともかく、幼い私はそのスケッチを見てえらく感動した。この洞窟の中に、こんな全身ヘンな毛が生えて眼がない虫がいるのか！　ぜひとも見つけてやらねばなるまいて、と。もちろん、たかが2歳児が洞窟の中で大きさ数mmのメクラチビゴミムシ改めチビコムシなど発見できるはずもなく、実際にその洞窟内でそれを発見できたのは大学生になってからのことだった。

　長野の辺鄙な大学で13年ほど青春を棒に振った後、私は紆余曲折あって九州に異動した。九州には、中部を中心に大小さまざまな洞窟（主に石灰岩洞窟）が無数に点在している。そのそれぞれに、チビコムシをはじめ特有の地下性生物たちが息づいているのだ。何せチビコムシに関して言えば、九州での種多様性は総本山たる四国のそれに次ぐ勢いである。これは見に行かない手はない。という訳で、私は週末ごとに九州の随所にある洞窟を巡るようになってしまった。幼少期のチビコムシ体験という下地があったのに加えて、私は大学で主に地中のアリの巣に共生する生物の研究をやっていた。地底の生き物へそのまま興味が移るのは、もはや必然であった。

▲ 福岡県、博多市街近郊から
玄界灘をのぞむ。

　洞窟巡りのみならず、後述のように山沢の源流をつめて
の「土木作業」によりチビコムシを掘り出す技術も独学で
習得した。始めのうちは失敗することが多かったが、次第
にどういう環境に目を付けて掘ればいいかがわかってきた
おかげで、打率も上がってきた。一番の思い出は、福岡・
博多近郊のとある山で、未知のチビコムシを発見してし
まったこと。なんとなく沢の源流の石をどけた時に赤い甲
虫を見つけ、もしやと思ってよく見たら目のない奴だった。
その後その場所の沢沿いの土手を掘り、もう数匹採ること
ができた。この山は古くから多くの昆虫学者が訪れ、調べ
尽くしたと言われていた場所だった。しかも、私がそこで
それを見つけたのは、九州に移住してわずか3週間目のこ
とである。歴戦の学者たちの目をかいくぐり、この虫は私
に発見されるまでずっとこの場所で眠り続けていたのかと
思うと、感慨深いものがある。

持続可能な昆虫採集

　さて、先にも触れたチビコムシ採集のための「土木作業」

について、ここでもう少し詳しい蘊蓄を並べたい。基本的に、これは掘るものと追われるものの攻防、地下世界を舞台にした人と虫との追っかけっこにほかならないが、ただ追うばかりではなくあちら様に向こうから出向いてもらう手もある。すなわち、地下に掘った穴の中にトラップを仕掛けて、虫をおびき寄せる方法である。ペットボトルなどを改造したトラップ内に、虫が好む匂い袋（主に釣り餌で使われるサナギ粉がベースだが、その他秘伝の材料を幾つか独自に混ぜる者も多い）を仕込んで埋めておく。虫のほうからこちらに出向いてもらう点で、上述のやみくもな穴掘りよりははるかに労力が省け、環境への負荷も少なくて済む。ただし、この地下トラップの仕掛け方にも特有のコツがあり、それを習得しないと虫はかからない。

　いずれの方法を使うにしても、掘った後の穴はきちんと埋め戻す必要がある。地下空隙に外気が流入するのを防ぐだけで、乾燥にすこぶる弱い彼らの生息環境はかなり温存されるため、またそこで採集することができる。後世の者達が楽しめるよう、なるべく持続的な昆虫採集のやり方を心がけたいものだ。

　ところで、地下に生息するゴミムシは、体長数mmクラスのチビコムシばかりではない。ヒラタゴミムシやナガゴミムシといった、体長1-2cmの比較的大柄なゴミムシの中にも、地下空隙にだけ住むものが多い。彼らもチビコムシほどではないにせよ地域固有性が高く、地域ごとに種が多様に分化しており、魅力的だ。何より、サイズがデカいのでカッコよく、これを手に入れんと欲するコアな虫マニアが多いのも頷ける。

　だが、この手の大型ゴミムシ類の地下性種を探すのは、

チビコムシと同等かそれ以上に難しい。地下性生物として
は大柄な彼らは、空隙の広い大きな石の堆積した崩落地の
地下に生息していることが多い。よって、人の頭よりも大
きな巨岩を根性で持ち上げたり、こぶし大の石を無限にか
き分けたりして掘り進む必要があるのだ。重たい岩を幾つ
も持ち上げ続けると、足腰に著しい負担をかけるし、転が
り落ちる岩に手足を挟む恐れもある。知り合いには、これ
により骨折レベルの大けがをした者もいる。トラップでも
もちろん採れるが、それを仕掛けるのもまた一苦労だ。し
かし、生息地の立地によっては、こんな重労働をせずとも
目的の虫を得られる可能性がある。

　ヒラタゴミムシやナガゴミムシの地下性種は、季節や気
象条件によりしばしば地下から這い出して、一時的に地表
を出歩く。その過程で、山道の際に掘られたコンクリート
製の側溝に落下することがあるのだ。山林の斜面に面した
林道脇の側溝があったら、底にたまっている落ち葉や土砂
を丹念にどかしてみよう。運が良ければ、こうした珍しい
ゴミムシを拾えるかもしれない。この方法なら、巨岩をど
かすよりもはるかに労を省いて虫を採ることができるし、
虫の生息地たる地下環境を掘り崩して破壊せずに済む。た
またま地下にある生息の拠点からはみ出た個体を採るに過
ぎず、乱獲にならない点で環境にもやさしい方法と言える
（とはいえ山に側溝が作られるという状況自体は、決して
環境にやさしい措置ではないのだが……）。

　私にとってチビコムシという呼び名には、並々ならぬ思
い入れがある。なので、本稿の中ではチビコムシ呼ばわり
を貫いた。

多足亜門 Myriapoda

| | ヤスデ綱（倍脚綱）Diplopoda |

| オビヤスデ目 Polydesmida | オビヤスデ科 Polydesmidae | — |

　体長 10.0-35.0mm 程度のものが多いヤスデの仲間で、体型は平たい。様々な環境に進出している仲間で、洞窟もその範疇に入る。オビヤスデ属 *Epanerchodus* やノコギリヤスデ属 *Prionomatis* に含まれる地下性種は、どの種も多少とも体色が薄くなる傾向を示し、中には完全に純白の種もいて美しい。水や風の力で地下に運び込まれた有機物を餌に生きており、洞窟においてはコウモリのグアノにおびただしい数の個体がたかる。こうしたオビヤスデの仲間は、地下特有の低温・湿潤な環境に適応しているため、人間が捕まえて地上に持ち出してしまうと即刻死ぬことが多い。

ナガオビヤスデ

Epanerchodus longus
HAGA in TAKASHIMA et HAGA

体長 25.0-30.0mm。全身薄い紫色だが、洞窟の深部にいる個体ほど体色が薄くなる傾向がある。富士山麓周辺の火山岩洞窟内に多く見られる。この種に限らず、洞窟性オビヤスデの仲間は人間に掴まれると、洗わない靴下にも似た強烈な臭気を発する。指に染み付くと、いくら洗っても取れないので、直に触れるのは避けた方がいい。とはいえ、この手の虫を好き好んで素手でいじくり回すのは、相当特殊な嗜好の人間に限られるだろうが。以下、ブンゴオビヤスデ（p.123）までオビヤスデ属。

コマカドオビヤスデ

Epanerchodus takashimai
HAGA in TAKASHIMA et HAGA

体長 14.5mm。全身純白かつ細身で、一見して後述のノコギリヤスデ属（p.124）の仲間に似ている。体格の割に頭が大きめの印象。各体節の背面側には、非常に立体的かつ複雑な彫刻が施されており、中世ヨーロッパの美術品の趣すらある。個人的には、数ある洞窟性ヤスデ類の中でも極めつけの美麗種として推したい。富士山東麓の火山岩洞窟に特有の種で、同所的にナガオビヤスデと共存するが、明らかに本種のほうがより洞窟の深部で見出される。とても少ない。

ウエノオビヤスデ

Epanerchodus sulcatus MIYOSI

体長 25.0mm。全身黄褐色を帯びるが、洞窟の深部にいる個体ほど体色が薄くなる傾向がある。愛知県と滋賀県の石灰岩洞窟内に見られる。石を裏返すと見つかるほか、コウモリのグアノ堆積上にかなりの個体が群がっているのを見る。徘徊性も強い。生息地では多産する。

ジャアナオビヤスデ
Epanerchodus okamotoi MURAKAMI

体長 15.0mm。全身白色で細身。愛知県の石灰岩洞窟内に見られ、ウエノオビヤスデと同所的に見られる。公式には愛知県の洞窟以外では見つかっていないとされるが、私は静岡県西部の洞窟でも、本種と形態的に区別できない個体を見つけている。愛知県の生息地たる洞窟は、近年内部環境が著しく荒廃した。ウエノオビヤスデは今も健在だが、こちらの種は時期により消長が激しい。洞窟周辺の沢沿いの地下空隙には、まだそれなりに見られる。

キウチオビヤスデ
Epanerchodus kiuchii MURAKAMI

体長 19.0mm。純白。体節は横に幅広く、しかも先端は薄く透き通っている。象牙細工のような趣があり、とても美しい。徳島県東部の石灰岩洞窟から知られる。生息地内での個体数はかなり多い。同じ洞窟内で、同属のホシオビヤスデ *E. aster* MURAKAMI と共存するとの文献もある。

リュウオビヤスデ
Epanerchodus acuticlivus MURAKAMI

体長 13.0mm。純白で、体表面には光沢がある。徳島県東部にかつて存在した「龍の窟」という洞窟内に生息していた。同所的に同属のホシオビヤスデも共存していたが、1970年代に始まった石灰岩採掘工事により、洞窟が破壊されて消失し、生存の有無が長らく不明のままになっていた。2015年、著者によって洞窟跡地付近の地下浅層から掘り出され、まだ滅びてはいないことが明らかになった。通常、同属近縁種が同所的に共存しないとされる地下性生物において、同属同士ながら共存するこれらヤスデの存在は、生物地理学的に極めて興味深い例である。石灰岩採掘は現在も進行しているため、何らかの配慮がなされることが望ましい。

ブンゴオビヤスデ
Epanerchodus etoi bungonis
MURAKAMI

体長 26.0mm。全身薄い桃色を呈しており、体表には光沢がある。まるで宝石サンゴを削ってこしらえた装飾品にも似た、とても美しい生き物。山口県から知られるエトウオビヤスデ *E. etoi etoi* MIYOSI の亜種で、大分県の石灰岩洞窟から記載された。地下性ヤスデは基本的に洞窟内から得られることが多いが、私は沢沿いの地下からも本種を掘り出しており、潜在的な分布域は恐らく広い。

ブンゴオビヤスデ

エトウオビヤスデ

クボタノコギリヤスデ
Prionomatis nanatugamense MIYOSI

ノコギリヤスデ属はオビヤスデ属に近縁な仲間で、基本的に洞窟性。体格はオビヤスデ属より細身のものが多い印象。体節の両側面に、ノコギリ状の細かいギザギザを持つためこの名がある（原則、防御液を出す孔のある節で4つ、ない節で3つ）。クボタノコギリヤスデは体長11.0mm、純白。長崎県の砂岩洞窟からのみ知られる。湿った粘土の上を這い回り、表面の有機物を舐める。この仲間に限らず、ヤスデの分類は原則としてオス成体の腹面にある小さなゴノポッド（生殖肢。メスに精子を渡すためにのみ使う、小さな脚）の形態によってなされているため、メス成体や幼体では基本的に種同定が不可能で、オスでも外見では種を区別できないのだ。ただし、ゴノポッドの形態はごく近縁な種間であってさえ、しばしば劇的に異なる。

ツノノコギリヤスデ

Prionomatis subcornigerum
MURAKAMI et IRIE

体長 28.0-29.0mm、純白。九州の中部から
南部の石灰岩地帯に広く分布する。この属の
ものとしては比較的大型の部類に入る。体表
面は光沢が強く、美しい。オオセリュウガヤ
スデ（p.126）と混在する洞窟では、本種のほ
うが明らかに洞内のより深部で多く見られる。

ツバキノコギリヤスデ

Prionomatis nanaoredense incisum
MURAKAMI et IRIE

体長 24.0-25.0mm、例によって純白。九州の
中部に局所的に分布する種。体表はツノノコ
ギリヤスデ同様に光沢があって、とても美しい。
宮崎県に分布するイシカワノコギリヤスデ
P. nanaoredense nanaoredense MURAKAMI の亜種
である。

ノコギリヤスデの一種

Prionomatis sp.

体長約 15.0mm の個体で、純白。福岡県北部
の石灰岩洞窟で見つけた。メス個体のため種
を確定できないが、分布域から判断してほぼ
トビグチノコギリヤスデ *P. nivale* HAGA と考
えてよい。

多足亜門 - ヤスデ綱（倍脚綱）

　素麺のように細い体型のヤスデで、オビヤスデと異なり体節は横に張り出さず、胴体の断面はやや縦長の円に近い。胴体の節はとても細かくて数が多い（40〜70ほど）。リュウガヤスデ属 Skleroprotopus などのいくつかの属で洞窟に住むものが知られる。

オオセリュウガヤスデ
Skleroprotopus osedoensis MIYOSI

体長 40.0-50.0mm、九州中部から知られる。グアノ溜まりの表面を無数の個体が覆い尽くす様は、実に壮観である。洞窟入り口周辺から深部まで、生息範囲は広い。

センブツリュウガヤスデ （センブツヤスデ）
Skleroprotopus platypodus (MIYOSI)

体長 50.0mm。九州北部に固有。かつては本種のみでセンブツヤスデ属 Senbutudoiulus を構成していた。

　針金のように恐ろしく細く、繊細な雰囲気の外見をしたヤスデの仲間。本科には、眼をもつもの（ネンジュヤスデ属 Sinostemmiulus）ともたないもの（タテウネホラヤスデ属 Antrokoreana、イチハシヤスデ属 Dasynemasoma）がいる。

カギタテウネホラヤスデ
Antrokoreana uncinata MURAKAMI

体長 30.0mm。福島県のとある石灰岩洞窟で得られた個体を元に記載された種。コウモリの糞など、洞内の有機物に多数集まっている様子が観察される。

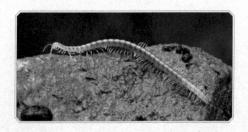

甲殻亜門 Crustacea | 軟甲綱 Malacostraca

ムカシエビ目 Bathynellacea │ オナガムカシエビ科 Parabathynellidae

　甲殻類の中でも非常に原始的とされる特異な分類群で、知られているすべての種が地下水性。この仲間をはじめ地下水に満たされた砂礫の間隙中に生息する生物は、間隙性生物とも呼ばれている。どの種もおおむね体長1.0-2.0mm程度の微小な生物で、体は細長くほぼ無色。その姿はムカデのようにも、珍奇な古代生物アノマロカリスのようにも見える。洞窟の溜まり水から見出されるほか、井戸水を汲み上げた際に混入する形で得られることが多い。紫外線に極めて弱く、直射日光に当たり続けると短時間の内に死んで体が壊れてしまうと言われる。日本からは2科2属15種が確認されている。

セトゲオオムカシエビ
Allobathynella carinata UÉNO

体長オス 2.2mm、メス 2.0mm。この類の生物で2.0mm クラスは相当な大型種の範疇。全身が白色で細長く、見た目と動きは土壌動物のコムカデ類を彷彿とさせる。日本産ムカシエビ類は、背面が滑らかな種が多い。しかし、本種は各体節の背面部に顕著ないかつい隆起を持ち、まるで鎧で武装した白龍と言っても過言ではない。東京都八王子市内の井戸から得られた個体を元に新種記載された種で、写真の個体も同地内の井戸から得られたもの。水底を素早く這い回り、通常は水中へ泳ぎ出さない。

エビやカニなどを含む甲殻類の一員であるワラジムシ類には、地下性傾向を示す種が多数いる。ナガワラジムシ科では特に顕著で、日本産種のうち1種を除いてすべてが地下性種からなる。それらは一様に複眼が退化し、また体色が薄い。それぞれの種が、特定地域の洞窟周辺から見つかる傾向を示す。しかし、私は主に沢の源流の地下浅層からこの仲間を多く見つけている。採集の至難な仲間が多いため、今後さらなる新種の発見、もとい分類体系そのものの変更があるかもしれない。

環境省
レッドリスト

絶滅危惧
I類

都道府県
レッドリスト

岩手県

ホンドワラジムシ
Hondoniscus kitakamiensis VANDEL

体長約3.0mm。眼がなく、全身が純白で美しいが、採集時に土砂で体が汚れてしまうことが多い。既存文献では「体表が平滑」とあるが、実際にはごく細かい顆粒状の突起が覆う。動きは鈍く、危険を感じると岩にしがみついて停止する。岩手県岩泉町にある著名な石灰岩洞窟、龍泉洞で得られた個体に基づき、1968年に新種記載された。当時、湿った洞床の岩屑が堆積した場所で見つかったようである。しかしその後、同洞窟は大規模な観光整備が行われ、空気の流通の変化や照明の影響などで洞内環境が著しく悪化した。乾燥に弱い本種は洞内から姿を消し、その後存続の有無が長らく不明だったが、2019年に洞窟付近の地下浅層から複数個体が掘り出され、絶滅を免れていたことが発表された。後に盛岡市近郊の地下浅層からも見つかっている。

ウレイラワラジムシ

Hondoniscus ureirensis
NUNOMURA & KOMATSU

体長 2.9-3.0mm。前種同様に全身が純白。前種に
ごく近縁で、ぱっと見の姿も大差ないが、本種は
ごく小さな眼をもち、また顎や脚の形態などにも
前種とは差異が見られる。龍泉洞にごく近い、あ
る1本の沢の地下浅層から得られた個体に基づき、
新種記載された。余談だが、本種は著者が龍泉洞
周辺の地下浅層にて、近年発見例のなかった絶滅
危惧種たる前種を再発見してやろうと調査してい
た際、偶然見つかったものである。名は龍泉洞を
麓に有する生息地の山、宇霊羅山にちなむ。すな
わち、この山には近縁同士な2種の地下性ナガワ
ラジムシが共存している訳で、生物地理学的に興
味深い。

愛知県から得られた種。石灰岩洞窟から得られるが、付
近の沢を掘っても得られる。

徳島県から得られた種。肉眼では薄い桃色を呈しているよう
に見える。産地ではしばしば多い。採集エリアから判断して、
アワメクラワラジムシ *Nippononethes uenoi*（VANDEL）
の可能性が高い。

ミズムシ科は水生の甲殻類で、海産種と淡水産種を含むほか、南硫黄島から半水生ないし陸生と思しき種が見つかっている。淡水産種は、国内ではミズムシ科から4属21種が知られ、ミズムシ *Asellus hilgendorfi* BOVALLIUS のただ1種を除きすべて地下水性で全身退色、眼が退化傾向を示す特徴をもつ。日本産のミズムシ亜目からはミズムシ科のほか、ウミミズムシ科からも地下水性種が一部知られる（1属3種）。

日本の地下水性ミズムシ類に関する分類学的研究は、1960年代に精力的に行われたが、以降は停滞している模様。

ミズムシ属の一種
Asellus tamaensis MATSUMOTO

体長約10.3mm。全身純白で眼はない。刺々しい脚を多数もちゲジゲジのよう。本州から知られ、東京都八王子市の井戸から得られた個体を元に記載された。写真の個体も同地にて得られた。日本産の地下性ミズムシ類は、大半種が10mm以下だが、ナガミズムシ *Phreatoasellus kawamurai* (TATTERSALL) のように30mmクラスの化け物もいる。

ニッポンミズムシ属の一種
Nipponasellus hubrichti (MATSUMOTO)

原記載では体長6.0mmとされるが、10.0mmくらいある個体も見つかる。全身純白で眼はない。前種と比べると脚が短く体形に丸みがあり、ダンゴムシを長く引き伸ばしたような姿形に見える。本州（関東地方周辺）から知られ、東京都八王子市から得られた個体を元に記載された。写真の個体は、東京都西部にある地下伏流水の吹き出し口から得られたもの。

メクラミズムシモドキ
Mackinia japonica japonica MATSUMOTO

甲殻亜門 - 軟甲綱

原記載では体長 3.0-4.0mm とされるが、5.0mm くらいある個体も見つかる。ウミミズムシ科は、名の通りその多くが浅海に生息する甲殻類の一群であるが、一部の種は深海あるいは淡水域にまで進出した。メクラミズムシモドキは、地下淡水域を生息環境とする種で、一見してミズムシ科の地下水性種の幼体にも見えるが、体色は純白というよりもほぼ透明に近い。そして、体躯は恐ろしく軟弱かつ繊細なため、無傷での捕獲が極めて困難。

室内飼育して脱皮させると体の欠損が回復するが、飼育のために生息地から持ち帰る途中で死ぬ場合が多い。本州、四国、九州の広域から得られている。写真は茨城県の地下伏流水中から得られたもの。国内産の地下水性ウミミズムシは本種のほか、チョウセンメクラミズムシモドキ *M. coreana* MATSUMOTO が九州本土と対馬から、ホラアナメクラミズムシモドキ *M. troglodytes* MATSUMOTO が対馬から知られる。

　ヨコエビ類は水中から陸上に至るまで、多様な環境に進出した小型甲殻類の一群であり、ある種は深海の一番深いエリアに生息する動物としても知られている。そのため、地下水脈に生息する種がいたとて、何ら不思議はないであろう。

　淡水性の地下性種は、日本では4つの科から知られている。それらは原則として体色が薄く、また複眼を欠く場合が多い。一方、通常の河川水中に生息する種が地下水中に進入する場合もあり、またそうした種では複眼自体は退化しないものの、個体により複眼の色素が抜け、結果として無眼に見える例が知られる。メクラヨコエビ科は分類が極めて難しいグループで、既知種とされていたものが別の新種とみなされることがしばしばある。

キョウトメクラヨコエビ

Pseudocrangonyx kyotonis
AKATSUKA & KOMAI

　原記載では体長11.0mmとあるが、野外で見かけるのは普通5.0mmくらいの個体。体は透き通るような純白で、平たい。東海地方から中国地方にかけての本州西部の各地からぽつぽつ見つかっているようだが、これらは実際には外見で区別し難い複数種からなると言われる。事実、岐阜県から得られた従来本種と見なされていた個体群は、2018年に新種 *P. komaii* TOMIKAWA & NAKANO として記載されている。写真は茨城県で得られた現状キョウトメクラと同定される個体だが、将来別種となる可能性は否定できない。井戸水とともに汲み出されるほか洞窟内でも見られ、地面のたまり水の中に体を横たえてゆっくり這い回る姿が観察される。

メクラヨコエビの一種
Pseudocrangonyx sp.

体長 7.0mm 程度の個体。山口県の秋吉台で撮影。ここの個体は長らく本州西部、四国、九州に産するシコクメクラヨコエビ *P. shikokunis* AKATSUKA & KOMAI とされてきたが、2018年に未知の新種だったことが判明し、アカツカメクラヨコエビ *P. akatsukai* TOMIKAWA & NAKANO の名で記載された。写真の個体も本種かもしれないが、本属の種は互いに似通い、判別は顕微鏡を使って見ないと無理。

| 端脚目 Amphipoda | ナギサヨコエビ科 Mesogammaridae | — |

　我が国から知られる本科の代表的な地下性種としては、チカヨコエビ属 *Eoniphargus*、ヤツメヨコエビ属 *Octopupilla* が挙げられる。うち前者においては以下の1種が知られていたが、最近静岡・栃木両県でそれぞれ別種が新種記載されている。

コジマチカヨコエビ
Eoniphargus kojimai UÉNO

体長 5.5-6.0mm。関東地方一帯の地下水に住む無眼のヨコエビ。一見メクラヨコエビ科の種に似るが、触角や尾節の構造などが異なり、見るべき箇所をよく見ればさほど近縁ではないのがわかる。体は白色というよりは、やや黄色みがかった透明に近い。本種の発見経緯はやや変わっており、1951年に東京都内の浄水場の濾過砂層中で大発生したのがきっかけ。道脇の些細な湧水周辺で、砂利を洗うと得られることがある。

デェダラボッチ狂騒曲

　皆様方は、「あんときなぜあんなことをし（なかっ）た！」と、過去になした自分の行い・振る舞いをシバき倒したいほど後悔するような経験をおもちだろうか。私には、まさしくそのようなことが日常茶飯事だ（主に人間関係において）。しかし、逆に過去の行いにより自分自身を心から褒めちぎりたい局面というのは、極めて稀である。

|| 新種のナガコムシ、撮ったか撮らぬか⁉

　数年前、私は地下性昆虫を専門に研究している海外の昆虫学者らと共に、九州北部のとある鍾乳洞内で生物調査をする機会に恵まれた。そこは極めて長大な石灰岩洞窟で、入り口からおよそ数十mまでが観光整備されているが、その奥は保全エリアとなっている。当然ながら、その保全エリアの奥に立ち入り、あまつさえそこで生物を捕獲するためには、前もって関係省庁にとてつもなく取得困難な現状変更許可等の申請を出さねばならない。だがこのときに限っては、先方がその煩雑な申請手続きを肩代わりしてくれたため、大手を振ってその立入禁止エリアで虫探しできることになったのだ。

　この洞窟内には、近年ほぼ生息記録の途絶えた状態となっていたメクラチビゴミムシの珍種がおり、私はこれの生きた姿を拝むことを本調査で一番の目的としていた。その目的は早々に達成され、同行していた知人が調査開始後30分くらいにして、それを首尾よく見つけてくれた。私

は彼からそれを受け取り、その場で夢中になって撮影を開始した。するとその最中、周辺で探索を行っていた海外の学者が、「変わったナガコムシを見つけた」と傍に来て言ったのである。

　ナガコムシというのは原始的な昆虫類（正確には分類学上、一般的な昆虫類とは異なる内顎綱というグループとして扱われる）の仲間で、細く軟弱な白い体と、長い2本の尾（尾角）を持つけったいな風体の虫だ。多くの種は土壌性で、腐植物を餌に生きている。まったく珍しいものではなく、そこらの公園の石や落ち葉の下を探せばいくらでも出て来る虫だが、そうした場所で見られるのは軒並み体長3-4mmの微少種だ。

　他方、日本各地の洞窟では、長い尾を含めて体長4cm近くにもなる巨大な個体が見つかっており、これらは俗に「ホラアナナガコムシ」と呼ばれている。ただ、この昆虫類の分類学的研究は研究者の少なさからなかなか進んでいないようで、特にこの洞窟で見つかる巨大な個体は果たしてそういう特殊な種なのか、それとも地表の小型種が広い洞窟空間で暮らして巨大化しただけなのかの判断が（少なくとも当時）つかなかった。彼が持ってきたのは、まさにその3-4cmクラスの巨大な奴だった。

◀ ナガコムシの一種。体長3mm程度の種で、森林土壌中に見られた。

彼は「これは新種に違いないから、記念と思ってお前の自慢のカメラの腕できれいに撮影してくれ」と私に頼んだ。だが、以前私は別の洞窟で、同行した別の研究者から「前にここで巨大なナガコムシを出したが、調べた限り地表の小型種が単にでかくなった奴に過ぎなかった」との弁を聞いていた。どうせこれもそこらにいる種だろ？　私は珍しいメクラチビゴミムシの撮影に気を取られていたし、どこにでもいるナガコムシ如きに撮影時間など費やしたくなかった。だから、「はいはい、じゃ後でね」と適当に生返事してナガコムシ入りの容器を借り受けはしたものの、その後それを撮った記憶が一切ない。

　それから2年近く経ったある日のこと。いつものように、インターネットでニュースサイトを徘徊していた私の目に、衝撃的なニュースが映った。なんと、あの日洞窟で見たナガコムシが本当に新種であることがわかり、件の海外の学者が正式に記載論文を学術誌面にて発表したのだ。その、日本産ナガコムシ類としては異例なまでに巨大な体躯から、日本の伝説上の巨人デデダラボッチ（ダイダラボッチ）に因み、*Pacificampa daidarabotchi* と名付けたという。

　何たる不覚。私はあのときメクラチビゴミムシにかまけるあまり、ナガコムシのことなんか一切気にもかけていなかった。あのとき彼から虫を受け取って、その後撮影した気がまったくしない。それはすなわち、撮影していないということにほかならない。あのとき新種とわかっていれば、ちゃんと撮影したのに。じゃあ、これからもう一度あの洞窟まで撮影し直しに行くか？　否。またあれをあの洞窟まで撮影しに行くとなれば、えらい時間と金を費やすし、そ

れより何より立入許可が絶対に下りない。大仰な研究のお
題目がある訳でもなし、ただ私個人の気分の問題で、たか
だかムシ一匹の写真を撮るだけの許可など、下りるはずも
ないのだ。私はガックリと肩を落とした。そして、つとめ
て本案件のことを考えないようにしつつ、その後しばらく
を過ごすこととなったのである。

　それから相応の月日が流れたある日。私は、いつも世話
になっている出版社からの要請を受け、とある書籍に掲載
するための写真を探すべく、自宅のハードディスクを漁っ
ていた。この中には、私が本格的に昆虫写真をやり始めた
大学入学時の頃から撮りためた、那由他の数の写真データ
が入っている。その中を調べていた際、たまたま成り行き
で開いた「あの日の写真」のフォルダー内に、どえらい沢
山のデェダラボッチこと P. daidarabotchi の写真があるのに
気付いて、思わず腰を抜かしそうになった。あの日の私は、
「どうせつまらん、歯牙にもかける価値すらない鈍物」と
口先では言いつつも、しっかりナガコムシを撮影してくれ
ていたのだ。

　　「でかしたぞ、俺！」

◀ デェダラボッチこと
P. daidarabotchi。

地下性生物を脅かすものとは?

　狭い地下深くの隙間という、容易に敵に襲われなさそうな
環境に住むメクラチビゴミムシにも、じつはその生命を脅か
す敵がいる。それは、(変質的な嗜好をもつ虫マニアの人間
共を除き)菌類だ。湿度の極めて高い地下空隙では、生きた
虫に寄生して殺す冬虫夏草のような菌類がはびこりやすい。
例えば洞窟の奥で石を裏返していると、稀に虫体の何倍もの
長さの根っこみたいなものを体から生やし、そのまま息絶え
ているメクラチビゴミムシが見つかることがある。

◀ シコクチビシデムシの体か
ら生えた菌類。

　一般的に、冬虫夏草は寄主が死んだ後に生えてくるもの
だが、聞いたところによるとメクラチビゴミムシに寄生す
る冬虫夏草は、すぐに寄主を殺さないらしい。知り合い曰
く、体から長く伸びたキノコを生やしたまま歩き回る個体
を見たというのだ。この手の菌類はメクラチビゴミムシの
ほか、同様の環境に住むチビシデムシなどにも生えている
のを見かけるが、果たしてそれら菌類がみな同種なのか否
かはよくわからない。

　冬虫夏草は、最終的に寄主を殺してしまうが、殺さない菌類もいる。ラブルベニアという菌類は、生きた昆虫の外骨格にのみ寄生する不思議な菌類だ。さまざまな分類群の昆虫に寄生するが、特にハエや甲虫が標的となり、ゴミムシの仲間には普遍的に見られる。もちろん、彼らもその例に漏れない。メクラチビゴミムシの体表をよく見ると、たまに小さくて黒い音符のようなものが背中から出ていることがある。一見、虫の体毛かゴミにも見えるが、これがラブルベニアだ。一般にラブルベニアは寄主特異性が種レベルで高く、種毎に特定種の昆虫にしか寄生できないと言われている。だから、メクラチビゴミムシの種に合わせてラブルベニアの種もある程度分かれている可能性が高いが、そんなもの誰もまともに調べていないのが現状である。

　メクラチビゴミムシの中には、環境破壊の影響で絶滅しそうな種が少なからずおり、またすでに滅んでしまった種さえいる。なので、寄主の衰亡とともに運命を共にしていく（いった）ラブルベニアも、さぞかし多いことだろう。

◀ ウスケメクラチビゴミムシの背面から、音符のような形のラブルベニアが生える。

　ともあれ、常に数多の菌類に寄ってこられる危機にさらされているメクラチビゴミムシは、とてもきれい好きだ。観察していると、数十秒おきくらいに触角をしごき、脚同士をこ

すり、背中をなでさすりと、体の掃除ばかりしている。だから、地下から捕獲したばかりの彼らは、泥っぽい環境にいたにもかかわらず、体には汚れのほとんど付いていない個体が多い。地下から見つけ出すときには、彼らは必ずピカピカのなりをしているのだ（それがなおさら、暗黒世界からこの虫を見つけ出したとき、我々に「何と美しい生物なのだ」と思わしめる）。

　私はいつもメクラチビゴミムシの生きた姿の写真を撮るとき、それを採集した現地にて、それが得られた場所の岩の上に乗せて撮影するようにしている[※1]。その際、走り回って逃げようとする虫をうまく岩の中心部に誘導すべく、指で彼らの進路をふさぐ。指にぶつかった虫は、軌道を変えて走り回るが、しばらくすると一時立ち止まり、体を猛烈にグルーミングし始める。人間の指先の汗などが体に付いたのを嫌がっているのだと思う。「きったねぇ指でアタシに触るんじゃねぇぞこの汚物めが！」と虫に言われているような気がして、とても申し訳ない気分になる。

‖ 死してなお輝く

　閑話休題。かような天敵に襲われようが襲われまいが、メクラチビゴミムシはいずれ寿命で死ぬ。彼らが生息する地下深くの空隙は、有機物の分解がとても遅い。こうした環境下で彼らが死ぬと、まもなく体のパーツをつなげていた筋肉が腐り落ち、パーツ同士がばらけていく。それらはやがて、地下の水流などの力で四方に散らばり、もはや生時の姿をとどめなくなってしまう。しかし、それぞれのパーツそのものはかなり長期間分解されずに残るものである。

※1 地域固有性が極めて高い地下性生物は、その土地特有の地質の上にいて然るべきである。例えば、火山岩地質の土地にしか分布しないはずの生物を、石灰岩の上に乗せて撮影した写真を迂闊に世間に公開してしまえば、知識のある人に「何じゃこれは？」と思われるようなちぐはぐで頓珍漢な写真を開陳することになり、自然写真家の恥として一生私について回ることになるのだ。

　メクラチビゴミムシの体のパーツ中で一番大きいのは、上翅（専門用語ではエリトラと呼ぶ）だ。地下の住人たる彼らは、飛ぶ必要がないため翅が退化している。すなわち大抵の種において、左右の翅が融合して一つのお椀状になって腹部の上にかぶさり、開くこと自体が出来ない。この「円盤」は、物理的に砂利同士の摩擦で破砕でもされない限り、長期間、原形を保ったまま地下空隙の狭間にあり続ける。山沢の源流で、メクラチビゴミムシを求めて右も左もわからずに黙々と「土木作業」する最中、暗黒の土砂の中からキラリと光るこの紅い円盤が現れると、冷え切った心に灯がともる。その箇所から遠くない地下のどこかで、かつて彼らが生きていた、そしてその残党が今もすぐ近くに生きているという何よりの証なのだから。「土木作業員」にとってエリトラは、約束された勝利の円盤だ。

　飛べないという話に関連して、メクラチビゴミムシをはじめ地下性の甲虫類は、翅が開かない以前に翅を開いて動かすための筋肉も退化しており、より地下生活に特殊化した種ほどその傾向が顕著だ。こうした種は、分類群の枠を超えて一様になで肩でほっそりした体形をしており、また上翅がお椀の如く高く盛り上がって腹部の上に乗っている。先の項でも触れたアファエノプソイドという形態適応である。

　ヨーロッパや中国では、この手の奇怪な風貌をした地下性甲虫類が多様化しており、日本ではそれらに及ばないまでも、四国のアシナガメクラチビゴミムシ *Nipponaphaenops erraticus* や、九州のキバナガメクラチビゴミムシ *Allotrechiama mandibularis* のような特殊化著しい種が存在し、俗に「超洞窟種」と呼ばれている。

扁形動物門 Platyhelminthes | ウズムシ綱 Turbellaria

| ウズムシ目 Tricladida | ヒラタウズムシ科 Planariidae | — |

「いくら切っても死なないばかりか、それぞれの断片が1個体に再生する」として、理科の実験でも使われる水生生物プラナリア（サンカクアタマウズムシ科のナミウズムシ Dugesia japonica ICHIKAWA et KAWAKATSU）の親戚筋。国内では本稿で紹介するカントウイドウズムシを含め、地下水中に住む種がいくつか知られる。

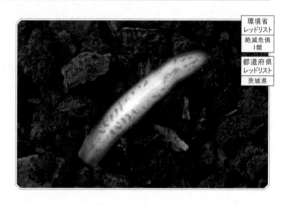

環境省
レッドリスト
絶滅危惧
I類

都道府県
レッドリスト
茨城県

カントウイドウズムシ (?)

Phagocata papillifera
（IJIMA & KABURAKI）（?）

体長 12.0mm 程度。全身白色だが、若干桃色がかって見える。中央部がやや突き出した四角い頭部には、申し訳程度のごく小さな眼が一対見られる。背面の正中線に沿い、15～30個の乳頭状突起が並ぶが、この特徴をもつ既知種の淡水生ウズムシ類は、国内ではほかに知られておらず、また世界的に見ても稀。滑るような動きでナメクジの如く水底を這い回り、死んだメクラヨコエビなどの体に管状の口（咽頭）を差し込んで中身を食べる。1916年、東京都新宿区の市谷に当時あった井戸から偶然汲み出された個体を元に、日本初の洞窟地下水性生物として新種記載された。しかし、その後この井戸は消滅し、1965年に茨城県水海道市（現・常総市）にある個人宅敷地内の井戸から再発見され、この場所が地球上で唯一、本種の生息を確認できる場所として知られている。

写真の個体は2020年、東日本某所の井戸ポンプから多数汲み出された個体で、背面に乳頭状突起が並ぶなど外見上はカントウイドウズムシと区別できない特徴をもつ。しかし、解剖学的な精査をしておらず、種の異同を確定できない。

ヒラタウズムシ科では本種以外に、北海道の小湧泉に住むソウヤイドウズムシ *P. albata* ICHIKAWA and KAWAKATSU 等が地下水性として知られるほか、オオウズムシ科 Dendrocoelidae とホラアナウズムシ科 Kenkiidae からも地下水性種が知られる。

column 地下性巻貝を取り巻く現状

ホラアナゴマオカチグサは、石灰岩洞窟内の濡れた壁面に取り付き、岩の表面のわずかな有機物を餌とする。殻は無色で、生時は非常に透明感があるが、死後、殻は真っ白になるため、死殻に比べて生きた個体は見えづらく、微小なのもあいまって発見は難しい。

洞窟内では有機物の分解が遅いため、死殻は原形を保ったまま長期にわたり壁面に付着し続ける。この貝は本州から九州、南西諸島にかけて点々と生息地が見出されているが、地域ごとに種分化しているとも言われる（通常は眼を欠くが、持つ個体群もいるらしい）。しかし、近年どこの産地でも、洞窟の観光地化や周囲の石灰岩採掘などにより洞内環境の乾燥化が進み、生息状況が悪化してきている。

ミジンツボ類には、イマムラミジンツボ A. imamurai HABE やクルイミジンツボ A. scalaris KURODA & HABE のように、これまでにわずか1〜3個体の標本しか得られていない種もいる。基本的に採集困難な仲間ゆえサンプルが集まらず、分類学的研究は進んでいない（古の研究者は、井戸ポンプを一度に数千回不休で漕ぎ続けて、やっと幾ばくかの個体を地下から汲み出したという）。本書掲載写真の個体は関東平野にある地下伏流水の吹き出し口付近から得られたが、種名は定かではない。

ミジンニナ類は、最初の発見場所が洞窟内の細流だったため、かつては地下性の巻貝と考えられていたが、その後、山間部を流れる薄暗い沢が本来の生息環境であることが判明し、今や地下性生物とは見なされなくなった。ホラアナミジンニナ M. nipponica (MORI) は、環境省および複数都道府県のレッドリストに選定される一方、人間にも寄生する危険な肺吸虫の中間宿主という一面も持つ。本書掲載写真の個体は、高知県内にある沢の源流で見つかったもの。

洞窟に住むキセルガイ類・カザアナギセルとイシカワギセルは、生息地となっている洞窟のうち、ある箇所は観光地化されて内部環境が乾燥し、彼らは姿を消したようだ。さらに、その希少性により、貝殻コレクターがこれらを大量に採ってしまった時期があったという（2023年現在、カザアナギセルもイシカワギセルも世界唯一の生息県たる熊本県の条例で採集禁止となっている）。私は撮影のため、かつての多産地を幾つか訪れてかなり探したが、生体も死殻もほとんど確認できない状況であった。特に、人が容易に行ける立地の洞窟には、現在ほぼ生息していないと言ってよい。分布域が局限され、繁殖力も弱いであろうこの手の陸貝にとって、まとまった規模の採集行為は個体群の存亡に関わる。

純白の軟体部をもつ、美しいカザアナギセル。

扁形動物門─ウズムシ綱

軟体動物門 Mollusca

腹足綱 Gastropoda

吸腔目 Sorbeoconcha | カワザンショウガイ科 Assimineidae | ―

　　海産種から陸生種まで含む、非常に大きな巻貝の分類群。基本的に小型種で構成されている。地下性の傾向を示す種が若干知られる。

ホラアナゴマオカチグサ
Cavernacmella kuzuuensis (SUZUKI)

愛知県で撮影。殻高約 2.0mm の円錐形をした、極めて小さな巻貝。日本では数少ない、地下生活に極度に適応した巻貝として知られる。元々は栃木県内で見つかった化石を元に記載された種だったが、後に現生個体が見つかった。

環境省
レッドリスト
絶滅危惧
I類

都道府県
レッドリスト
栃木県
愛知県
山口県
福岡県
ほか多数

吸腔目 Sorbeoconcha | ヌマツボ科 Amnicolidae | ―

　　淡水性の小型種で構成される巻貝の分類群。地下水性の種を含む。

ミジンツボの一種
Akiyoshia sp.

ミジンツボ属は、いずれも殻高 2.0mm 未満の細長い巻貝の仲間。全体的に色素が非常に薄く、眼がない。国内からは 11 種が記載されている。

ミジンニナの一種
Moria sp.

殻高 1.5mm ほどの微小な水生巻貝の仲間で、国内には外見の酷似した数種がいる模様。洞窟内を流れる細流等に生息している場合がある。

　　キセルガイは、名前の通りキセルを思わせる細長い殻をもつカタツムリの仲間である。日本にはおびただしい数の種が存在するが、それは他の陸貝類の例に漏れず移動能力が極めて低いせいである。山一つ谷一つあるだけで、周囲の似たような集団とは遺伝的な交流が隔たってしまい、そこだけに住む独特の種に分化してしまうのだ。森のように湿潤な状態が年間を通じて保たれる環境に多いが、一部は洞窟とその周辺に住む。

カザアナギセル

Neophaedusa spelaeonis
KURODA & MINATO

殻高約 10.0-11.0mm。九州中部の極めて限られた石灰岩地帯に特有で、洞窟内に住む。九州中部ではこのほか次種イシカワギセル、そしてケショウギセル *N. albela* (MINATO) の 2 種が洞窟を拠点とした分布様式を示すが、中でもカザアナギセルは日光の差し込みがない洞窟深部でしか発見されず、最も地下性傾向が強い。身は透き通るような純白だが、それ以外は地上性種と大差ない風貌。

環境省 レッドリスト
絶滅危惧 I類

都道府県 レッドリスト
熊本県

熊本県 指定希少 野生 動植物種

イシカワギセル

Neophaedusa ishikawai
KURODA & MINATO

殻高約 10.0-11.0mm。九州中部の極めて限られた石灰岩地帯に特有で、洞窟の入り口付近から内部にかけて住む。見た目の感じは前種と大差ないが、身はこちらのほうがほんのりと色付いている。前種もだが非常に警戒心が強く、一度殻に引っ込むと容易に身を外へ出そうとしない。

環境省 レッドリスト
絶滅危惧 I類

都道府県 レッドリスト
熊本県

熊本県 指定希少 野生 動植物種

軟体動物門－腹足綱

危険と隣り合わせの地下世界

　地下性生物達の目くるめくその世界。「実際に洞窟に入っ
て、そうした生き物の生きて動くさまを見てみたい」と思
う者も少なからず現れるであろう。そうした人々のための
心構え（というより、私個人が心掛けていること）を、幾
つかここに挙げておきたい。正直なところ挙げればきりが
ないので、必要最低限のことだけ触れる。

　まず（地面がガチガチにコンクリート舗装され、歩ける
場所すべてが白熱電球で煌々と照らされているような、完
全に観光整備された場所は除くとして）、洞窟に入る前に
は万が一の事故に備えて、必ず保険に加入することが肝要
だ。知らない人には盲点であろうことだが、我々が日常生
活の中で加入するような普通の傷害保険は、ケイビングす
なわち洞窟内での活動の結果起きる事故をカバーしてくれ
ない。そのような、一部の好き者以外立ち入らない特殊な
環境に一般人がわざわざ踏み込み、その先で事故に遭うこ
とを普通の保険会社は想定していない。山岳等での事故を
カバーしてくれる、いわゆる山岳保険という特別なものに
入る必要がある。こうしたものの中には、ケイビング中で
の事故をカバーするものがあるため、加入の際にはカバー
の範囲などの条件をよく確認したほうがよい。

　洞窟内は地上とはまったく異なる世界であるため、落盤、
遭難といった我々の想定の枠外にある出来事が、いつどこ
で起きるかも予測できない。よって、そのような場所に自
らの意思で足を踏み込む人間にとって、山岳保険に加入し
ておくのは当然ながら常識であり、また最低限のマナーで

もある。また、運悪く遭難したときのために予備の懐中電灯、入る洞窟の規模によっては非常食を持つことも必要だし、自身が洞窟に入る際には「どこの洞窟にいつ入っていつ出る」などの情報をあらかじめ知人、最寄りの警察などに知らせることも大事だ。

◀ ウデナガマシラグモ。南西諸島の洞窟に住む貧弱で繊細な体格のクモ。色素も眼も退化傾向著しい。こうした生物は、観光地化されていない自然の洞窟ならではのもの。

　私には、年下ながら心の中で洞窟探検、そして地下性昆虫採集の師と仰ぐ素晴らしい友人がいる。彼からは、地下世界での心得について本当に何から何まで教わった。洞窟内に設置されている昇降用の縄梯子は湿気で朽ちているから、絶対に信用して体重を預けてはならないとか。洞窟内の斜面では落石を落としてはならず、万一落としてしまったら下の者に全力で危険を知らせろとか。「土木作業」で山沢の崖に空けた穴は、綺麗に埋め戻した上に粘土を表面に覆っておけば、内部が乾燥しないので再び虫の住処となり、持続的に採集が可能となるとか……。その彼から、事あるごとに再三口酸っぱく言われてきたのが、「後先のことを考えず、碌な装備もなしに洞窟に入る人間のことを、ケイバーの間ではスペランカー（無謀者）と呼び、特に忌み嫌う」という話である。

　そのような輩による軽率な行動の結果、洞窟内で事故が

起きれば、当然その救助やら事故処理やらで多大な人々に迷惑がかかるし、世間からの「洞窟に入る奴らは本当に迷惑な連中だな」の謗（そし）りは免れ得ず、結果ケイビングという素晴らしい趣味もといスポーツそのものへのイメージに泥を塗る結果になる。ついでに、事故の起きたその洞窟も危険防止のため立入禁止となってしまい、後世の人間達がその中で万の調査活動をする上で「永遠の枷」となるのだ。何一ついいことがない。洞窟に入る者すべてが、肝に銘じるべきことであろう。

　ほかにもいろいろ書きたいことはあるが、全部書き並べていたらきりがなくなってしまう。なので、もしもこれを読んだあなたが、今入った洞窟の内から「生きて帰りたい」と、本当に心より思っているのであれば、この一つだけは覚えておいてほしい。すなわち、直感的にでも「このまま行くとやばいな」と感じたとき、その直感はたぶん正しいので、従うほうがいいということだ。

　昔、先述の友人とともに、四国のとある洞窟に入ったときのこと。そこの洞窟は入ってすぐ、ほぼ垂直に10mくらいストンと落ち込む構造となっており、万一落ちれば確実に瀕死の重傷を負う。私は当時その友人から、洞内の狭い隙間を挟まるようにして昇降する術を教えてもらっていた（尻と左右の足先の3点を使い、突っ張り棒のように隙間に留まる）。案の定、彼はその術を使い、件の縦穴の脇にできた狭いクレヴァスからするすると降りて行って、あっという間に穴の底まで行ってしまった。私も理論上できたはずなのだが、彼のように首尾よく穴の底まで行けるか、仮に行けたとして今度はまたここまで登って来られる

か、まったく自信がなかったので断念した。後で再び同じ
ようにクレヴァスから這い戻ってきた友人から、「来なかっ
たのは正解だ。己の力量を過信するのが一番危ない」と言
われた。あの洞窟には、あれからかれこれ6年近く入りも、
ましてや寄り付きも出来ていない。でも、いずれは再訪し、
友人があのとき見たであろう穴の底から洞窟の天井を見た
景色を拝んでやりたい
と思っている。

　なお、重ねて書くが本
稿では洞窟に入る際の
心構えなどと銘打ちな
がら、「洞窟の壁面に落
書きをしてはならない」
とか「鍾乳石は折らな
い、持ち帰らない、近隣
の土産物屋に売ってい
ても買わない」のような
ことは書かなかった。な
ぜなら、それは書くまで
もないことだからだ。

◀ テングコウモリ *Murina
hilgendorfi* (PETERS)。東北地
方の山中の洞窟で、多数のキ
クガシラコウモリ *Rhinolophus
ferrumequinum* (SCHREBER)
に紛れていた。ここへ行くに
は道なき道をヤブ漕ぎせねば
ならず、件の友人の助けなし
には絶対に到達できなかった。

‖　生きた心地もしないままに

　地下世界に分け入る調査は、地上での調査活動では到底
考えられないような「死に直結する危険」と常に隣り合わ
せだ。複雑な立体構造の洞窟では、容易に方向感覚を失い
遭難するおそれがある。何度か入ったことのある洞窟でも、

ふと「今自分がどっちの方向を向いているか」がわからなくなる瞬間というのがあり、ぞっとする。何しろ、ヘッドライトがあるとは言っても辺りは漆黒。自らの方向を定めるための、目印のようなものが見当たらないし、またそれを決め難い。あの方向感覚を失った瞬間の「俺はこの後死ぬのではないか」という恐怖感は、思い出しても背筋が凍る。恐怖でパニックになると、なおのこと理路整然とした行動がとれなくなり、さらに己が足を死の淵へと誘うこととなるのだ。特に初めて行く場所の場合、単独行を避けた上で可能な限り洞窟の内部構造を頭に入れておくなど、事前の情報収集が欠かせない。中には深部に滑る泥で出来たすり鉢状の部屋があり、そのすり鉢の底が底なし地底湖という、ブービートラップにも程があるヤバい洞窟も日本に実在するのだから。しかし、洞窟での危険はこれに留まらない。

　かつて、とある四国の洞窟へ「土木作業仲間」と共に入ったときのこと。この洞窟は、かなりの奥行きがある規模のでかいもので、深部には多種多様な地下性生物たちが生息するとして、その筋の人間らの間では有名なところだった。我々は、その洞窟の最深部に近いエリアまで分け入り、全身泥とコウモリのクソまみれになりつつ黙々とメクラチビゴミムシを探し続けていた。洞床に落ちている石を使い、粘土質の湿った地面をほじくって探す。また、地面に半分埋まった石を裏返しては、その下に隠れている小さな生き物を探すのだ。

◀ 日本のとある洞窟。過去に
この周囲で探検家が事故死し
ている。

◀ ケブカクモバエ *Penicillidia
jenynsii* (WESTWOOD)（左）。
とヘラズネクモバエ *Nycteribia
allotopa* SPEISER（右）。コウ
モリに寄生する異形の吸血バ
エ。洞窟壁面に蛹で休眠し、
人が近づくと二酸化炭素を感
知して一斉に羽化する。件の
調査の際に見出された。

　そんな探索の最中、私は近くの地面に小さな裂け目がで
きているのに気づいた。何の気なしにそこを覗き込むと、
地面の下が層状に異なる色分けとなっていたのである。さ
らに、さっきから地面をほじっていて気になっていたのだ
が、この場所の地面にはやたら細くて白っぽい、竹ひごの
ようなものが大量に埋まっている。ぱっと見は、細い木の
枝みたいな印象。しかし、外から雨風に流され飛ばされた
木の枝が侵入してくるには、ここは随分と奥まり過ぎる地
点だが……　ともあれこれらの事象を、当初私は別段どう
こう考えもせず、当座はただ目先のムシさえ見つけられた
らいい程度にしか思っていなかった。

よって、私はそのまま能天気にじめじめとムシ探しに興じていたわけだが、後からそこへやって来た仲間からそれら事象にまつわるとんでもない話を聞かされ、背筋が凍りつく思いをすることとなったのだ。

　彼曰く、この洞窟では過去度重ねて天井の崩落、つまり落盤が起きている。天井の岩の一部が、ちょっと崩れて地面に落ちてくる程度の規模ではない（それも十分過ぎるほど危険だが）。洞窟全体の天井が、丸ごと一気に落ちてくるのだ。まるで昔の城廓にありがちな、不届きな侵入者を捕らえて血祭りに上げるべく仕掛けられた、「吊り天井」の如く。つまり、さっき見た層状の地面というのは、これまでの歴史の中で連綿と落下し続け、ミルフィーユ状に重なった天井にほかならない。我々は、落ちた天井の真上を歩いていたのだ。

　地面の中に大量に埋まった竹ひご状のブツは、落盤時天井に張り付いていた、無数のコウモリ達の骨だった。落ちる天井と地面との間に、文字通りサンドイッチのように挟まれて潰された彼らの成れの果てだ。

　地層の色分けの数や厚さからみて、この洞窟が定期的に落盤に見舞われているのは明白であり、またそれは今後も起きるであろうことを物語っていた。もしかしたら、こうしている今この瞬間、いきなり天井が落ちてきてもおかしくはない。そして、我々も歴代のコウモリ達と一緒に、地層の歴史に新たな一ページを刻むことになるやもしれぬのだ。生きた心地もしないままに、洞窟を脱出した。

地下の水中に住む生き物

　地下世界に生息する数多の奇怪な生物達は、何も陸上の
ものだけではない。水中に生息する地下性生物も、またお
びただしい種数が存在するのだ。地下空隙のうち地下水に
満たされた領域には、魚類、昆虫、甲殻類、扁形動物な
どのうち特殊なものが生息しており、そのいずれもが分
類群の枠を超えて「眼が退化する」「体色が薄くなる」
といった形態的特徴を共有する。海外には、例えばヨー
ロッパのホライモリ *Proteus anguinus* であったり、あるいは
メキシコのメクラウオ（ブラインド・ケイブ・カラシン）
Astyanax jordani であったりなど、大型の脊椎動物において地
下性になった（しかも有名な）ものが数多く知られている[※1]。

‖　日本の地下水性生物の面白さ

　他方、日本において地下生活に完全に特殊化した脊椎動
物というものはまるで知られておらず、せいぜいミミズハ
ゼ属 *Luciogobius* でそれっぽいものが若干種知られる程度
だが、これらとていずれも眼が完全になくなるまでには
至っていない。個人的には、九州中部の石灰岩地帯の、ま
だ誰も到達できていない地下深部あたりに、ミミズハゼか
サンショウウオあたりの完全に無眼で体が白く退色したよ
うなものがいるんじゃないかと思っているのだが……。そ
んな訳で、珍奇な地下性の魚や両生類に恵まれなかった日
本ではあるが、ならば日本の地下水生物はしょぼくてつま
らないかと言われたら、それはとんでもない話だ。その多

※1　大型と言っても、せいぜ
い数cm〜数十cm程度（ホラ
イモリで30-40cm、メクラウ
オで10cm程度）のものばか
りであるが、それでも体長
1mm内外がデフォルトの地
下水生物の中にあっては、破
格の巨大生物であることが理
解できよう。

様性の一例に関しては、本書内の甲殻類のミズムシ類ならびに地下水性ミズダニ類の項目を参照されたい（p.127）。

　地下水に住む生物は、陸上の地下性生物と同様に地域固有性が高く、それぞれが種毎に固有の分布地域を守っている傾向が見られる。地下水性ミズダニ類を例にとれば、例えば奄美群島でしか見つかっていないとか、北海道でしか見つかっていないといった種が幾つも知られている。しかし面白いことに、同じ地下水性ミズダニ類においても、種によっては不可解なほど分布域が日本の広域に及んでおり、場合によっては島をまたぐ種すらある。これは、ミズダニの分類群によって地下に潜って生活し始めた年代が極端にばらついていることが関係しているのではないかと推測される。

　生物は一度地下に特化した生活を始めてしまうと、地上で生活していた頃に比べて水平方向への移動が極端に難しくなる（水気のある場所から離れられない、硬い岩盤に移動を阻まれる等）。さらに、その地下生活をしている集団は、迫りくる地震などのさまざまな地理的イベントによって地面ごと分断され、孤立していくことになる。よって、より古い時代から地下に潜っている集団ほど、こうした分断と孤立の状態を数多く、しかも長い時間経験していることになり、その地域特有の種として分化しやすいわけである。広域に分布している地下水性ミズダニは、地下に潜ってからの日がまだまだ浅い（とは言っても数百万年レベルであろうが）新参のヒヨッ子と言えるだろう。

　地下水生物に関しては、一つ興味深い特徴がある。それは、明らかにもともと海に起源をもつであろう種が、分類

群の枠を超えて多数存在することだ。例えばウシオダニという ダニの仲間は、多くが海岸や海底に生息するのだが、一部の種は地下水にだけ住む。また、地下伏流水中に多く見られる甲殻類・メクラミズムシモドキの仲間は、ウミミズムシ科 Janiridae という、その名の通り海底に生息する甲殻類の仲間なのだ。ほかにもゴカイやヒモムシなど、その仲間が軒並み海産種で占められる幾つもの分類群の中から、地下淡水に住むものがぽつぽつと現れている。

▲ ウミミズムシの仲間 *Janiropsis* sp.。茨城県ひたちなか市の磯にて得られた個体。

▲ 北関東の砂浜海岸。地下は汽水で満たされている。

海岸の波打ち際の地下空隙は、海から来る海水と陸側から来る地下淡水とが混ざり合った、とても濃度の薄い塩水（汽水）で満たされた状態になっている。元々海底の砂利の隙間に生息していた生物の中から、やがてこの波打ち際の

汽水で満たされた地下空隙に生息するように適応したものが現れ、さらにその中からもう一歩進んで完全な純・地下淡水で満たされた領域へと進出したものの末裔が、今日の地下水生物の成れの果てなのだ、というのが、今のところこの不思議な現象を一番合理的に説明しうる仮説らしい。

　地下水と海、一見何も関係ないように見える二つの世界は、じつはひとつながりだったのだ。

‖　足元は新種発見のフロンティア

　地下水生物の中には、今なお我々人類に発見されていない珍しいものが潜在的にかなり多く存在すると考えられ、深海同様に新種発見のフロンティアとなりうる世界である。しかし、その事は同時にこの「世界」を暴くことがこれまで如何に難しかったか、そしてその難しさが如何に今と昔とで大差ないかという絶望的な事実を、無慈悲にも我々に突き付ける。何しろ、地下水生物を捕まえるのは、陸の地下性生物を捕まえる以上に難しいのだ。

　通常彼らの捕獲には、深い洞窟の奥底にあるたまり水を探すか、井戸ポンプを使って地下水をくみ上げるくらいしか方法がない（種により、湧き水の吹き出し口の土砂を洗って捕れる場合あり）。「洞窟に入る方法は、その場所の性質上しばしば身の危険を伴う」という話は、すでに先の話にて散々し尽くしたところである。真っ暗な地下世界で、たまり水の中にいる生き物を見つけ出すのは、簡単なことではない。何しろ、彼らは微小である上に色素をもたないから、とにかく見づらい。ミズムシやヨコエビといった、体

長5mm内外の甲殻類（このサイズですら、地下水生物としては相当デカい部類に入る）でも、気を付けないとしばしば目の前にいても見落としてしまう。ましてそれ以外の、むしろ地下水生物としては大多数派を占める体長1-2mm以下の生物に至っては、現地で目視にて水底の土砂と見分けてより分け、捕まえるなど到底不可能だ。しかも悪いことに、こうした微小な連中は、水底の表面の目に見えるところにはいないことのほうが普通である。

　こいつらをどうやって捕まえるか。そこで登場するのが、プランクトンネットだ。湖沼や海にて、水中を漂うプランクトンを採集するために使われる、極めて目の細かい網であり、網の底の部分にはかかったものを溜めこむためのプラスチック製の受け皿がついている。普通、これを水中に沈めてやみくもに掬う動作を何べんもくり返し、場合によっては船を使って長距離に渡り網を引き回し、プランクトンをかき集める。これと大同小異なことを、洞窟のたまり水でもやるのだ。たまり水の底に溜まった泥や土砂を、足か何かで思いっきりガシャガシャ引っ掻き回す。すると、たちまち砂煙が水中に立ち込め、水が濁る。この時に、プランクトンネットを使って濁った水を10回でも100回でも1000回でも掬いまくる。なお、井戸ポンプ※2を漕いで生物を捕まえる方法も、基本的にこれに準ずる。すなわち、井戸水の吹き出し口にプランクトンネットを設置し、あとはポンプを10回でも100回でも1000回でも、何べんでも漕ぐ。そう、何べんでもだ。

　やがて、ネットの受け皿に大量の土砂が泥水と共にたまっていくので、この土砂を水ごと別の容器に移し替えて

※2 井戸ポンプの場合、途中で不純物を取り除くフィルターの類が取り付けられたものだと、砂どころか生物が何一つ出てこない。とにかく水と一緒に不純物が大量に出て来る、「飲用不可」の井戸を探して漕ぐ必要がある。

大事に家なり研究室なりへ持って帰る。この土砂こそが「宝の山」で、中におびただしい数の微小な生物が紛れている可能性が高い。持ち帰った土砂を水ごとスポイトで取り、透明なガラス水盤に少しずつ移す。これを横からライトで照らし、何か動くものがいないかを丹念にチェックする、というやり方で、ミズダニやムカシエビといった甲殻類を採集することができるのだ。

　この方法は、それが微小なものであればあるほど、果たして生物がちゃんと採れているのか否かが、現地では一切わからないのが難点である。わざわざ遠方の洞窟なり井戸まで土砂を集めに行って、結果持ち帰ったものの中に生物が何一つ入っていなかった時の絶望感、徒労感たるや、推して知るべし。大量の土砂を含む水の中から砂粒ほどの大きさの、しかも色もあってないような生き物を見分けてつまみ出す作業は、相当に精神力を必要とする作業である。油断すると、せっかく入っていたかもしれない貴重な生物を見落として、不要な水や土砂と一緒に捨ててしまいかねない。しかも、活発に動く生物であればまた動く分、存在に気付きやすいが、中にはほとんど活動性を持たず、目に見える動きを見せてくれないような生物もおり、「動くものを気にして探す」やり方に頼ると、これまた見落とす危険性が高まる。しかし、私は幾度もこの作業を続けるうち、生物だけを効率よく土砂からより分けて確保する方法を発見した。

　どういう訳か知らないが、地下水の生物たちは分類群の枠を超えて、体表面がやたら水をはじく性質をもっている。何かの拍子に水面に浮いてしまうと、表面張力により水の

外へはじき出されてしまい、その後ずっと自力では水中に
戻れず水面に浮き続けていることになる。この性質をうま
く使うのだ。すなわち、ソーティング（土砂から生物をよ
り分ける作業）をするためのガラス水盤を用意し、高さ
10cm位の辺りからスポイトで取った水と土砂を落とす。
この、「水滴を落とす」という過程が重要で、それにより
その水滴中に生物がいれば、水盤に落ちた衝撃で生物体が
水滴の外にはじき出され、水面に張り付いた状態になる。
こうなると、横からライトで照らした時に、生物の体がよ
り見やすくなり、どんな小さくて動きの鈍いミズダニでも
割と簡単に発見できるようになる。ただ、そうは言っても
経験と熟練が何より物を言う作業ではあるが。地下水生物
は、じつのところ東京の都心部でさえ現在も多くのものが
生息している。いくら地表が開発され尽くしても、地下世
界の環境は意外にも温存されていることの証左であろう。

　我々の足元に住む不思議な闇の住人達。都会の雑踏の只
中でふと立ち止まり、奴らの生きる異世界に思いを馳せる
のも、また一興である。

種名 index

参考文献

甲虫目オサムシ科チビゴミムシ亜科 チビゴミムシ族

藤本博文（2001）ゴウヤメクラチビゴミムシ．福岡県レッドデータブック　福岡県の希少野生生物．福岡県．P. 360.

藤本博文（2001）ツツガタメクラチビゴミムシ．福岡県レッドデータブック　福岡県の希少野生生物．福岡県．P. 382.

藤本博文（2001）エサキメクラチビゴミムシ．福岡県レッドデータブック　福岡県の希少野生生物．福岡県．P. 389.

藤本博文（2004）オオタキメクラチビゴミムシ．香川県レッドデータブック　香川県の希少野生生物．http://www.pref.kagawa.jp/kankyo/shizen/rdb/data/rdb1624.htm

原 有助，菅谷和希（2014）サダメクラチビゴミムシ．愛媛県レッドデータブック　愛媛県の絶滅のおそれのある野生生物．愛媛県．http://www.pref.ehime.jp/reddatabook2014/detail/05_12_015980_2.html

原 有助，菅谷和希，酒井雅博（2014）イヨメクラチビゴミムシ．愛媛県レッドデータブック　愛媛県の絶滅のおそれのある野生生物．愛媛県．http://www.pref.ehime.jp/reddatabook2014/detail/05_12_016140_0.html

原 有助，菅谷和希，酒井雅博（2014）アシナガメクラチビゴミムシ．愛媛県レッドデータブック　愛媛県の絶滅のおそれのある野生生物．愛媛県．http://www.pref.ehime.jp/reddatabook2014/detail/05_12_016130_0.html

原 有助，菅谷和希，酒井雅博（2014）イズシメクラチビゴミムシ．愛媛県レッドデータブック　愛媛県の絶滅のおそれのある野生生物．愛媛県．http://www.pref.ehime.jp/reddatabook2014/detail/05_12_015960_0.html

長谷川道明ほか（2009）ハベメクラチビゴミムシ．愛知県編　レッドデータブックあいち2009．p.260

長谷川道明ほか（2009）チイワメクラチビゴミムシ．愛知県編　レッドデータブックあいち2009．p.395

Hurka, K.（1996）Carabidae of the Czech and Slovak Republics. Kabourek, Zlín, pp. 1–565.

井上修吾（2017）モグラの巣穴からアトスジチビゴミムシを採集．寄せ蛾記165: 16.

亀澤洋（2015）ナンカイイソチビゴミムシ，イソチビゴミムシ，イズイソチビゴミムシ．p.389. In: 日本の絶滅のおそれのある野生生物　Red Data Book 2014. 5 昆虫．環境省編，株式会社ぎょうせい，東京．

岸本年郎（2015）カドタメクラチビゴミムシ．p.3. In: 日本の絶滅のおそれのある野生生物　Red Data Book 2014. 5 昆虫．環境省編，株式会社ぎょうせい，東京．

岸本年郎（2015）リュウノメクラチビゴミムシ．p.92. In: 日本の絶滅のおそれのある野生生物　Red Data Book 2014. 5 昆虫．環境省編，株式会社ぎょうせい，東京．

岸本年郎（2015）ケバネメクラチビゴミムシ．p.93. In: 日本の絶滅のおそれのある野生生物　Red Data Book 2014. 5 昆虫．環境省編，株式会社ぎょうせい，東京．

岸本年郎（2015）ツヅラセメクラチビゴミムシ．p.94. In: 日本の絶滅のおそれのある野生生物　Red Data Book 2014. 5 昆虫．環境省編，株式会社ぎょうせい，東京．

岸本年郎（2015）ウスケメクラチビゴミムシ．p.95. In: 日本の絶滅のおそれのある野生生物　Red Data Book 2014. 5 昆虫．環境省編，株式会社ぎょうせい，東京．

岸本年郎（2015）タカモリメクラチビゴミムシ．p.96. In: 日本の絶滅のおそれのある野生生物　Red Data Book 2014. 5 昆虫．環境省編，株式会社ぎょうせい，東京．

岸本年郎（2015）キタヤマメクラチビゴミムシ．p.97. In: 日本の絶滅のおそれのある野生生物　Red Data Book 2014. 5 昆虫．環境省編，株式会社ぎょうせい，東京．

岸本年郎（2015）マスゾウメクラチビゴミムシ．p.98. In: 日本の絶滅のおそれのある野生生物　Red Data Book 2014. 5 昆虫．環境省編，株式会社ぎょうせい，東京．

岸本年郎（2015）カダメクラチビゴミムシ．p.100. In: 日本の絶滅のおそれのある野生生物　Red Data Book 2014. 5 昆虫．環境省編，株式会社ぎょうせい，東京．

岸本年郎（2015）ナカオメクラチビゴミムシ．p.101. In: 日本の絶滅のおそれのある野生生物　Red Data Book 2014. 5 昆虫．環境省編，株式会社ぎょうせい，東京．

岸本年郎（2015）スリカミメクラチビゴミムシ．p.102. In: 日本の絶滅のおそれのある野生生物　Red Data Book 2014. 5 昆虫．環境省編，株式会社ぎょうせい，東京．

岸本年郎（2015）イワタメクラチビゴミムシ．p.225. In: 日本の絶滅のおそれのある野生生物　Red Data Book

2014.5昆虫.環境省編,株式会社ぎょうせい,東京.

岸本年郎(2015)アオナミメクラチビゴミムシ.p.228. In: 日本の絶滅のおそれのある野生生物 Red Data Book 2014.5昆虫.環境省編,株式会社ぎょうせい,東京.

北山健司(2007)マスゾウメクラチビゴミムシの追加記録.ねじればね119:15-16.

北山健司,芦田久(1999)大阪府におけるメクラチビゴミムシ類の記録.ねじればね85:10-13.

丸山宗利(2015)リュウノイワヤツヤムネハネカクシ.p.31. In: 日本の絶滅のおそれのある野生生物 Red Data Book 2014.5昆虫類.環境省編,株式会社ぎょうせい,東京.

大川秀雄(2018)オオカワメクラチビゴミムシ.p.797. In: 2018 レッドデータブックとちぎ.栃木県環境森林部自然環境課,栃木県立博物館編,随想社,栃木.

大川秀雄(2018)トリノコメクラチビゴミムシ.p.798. In: 2018 レッドデータブックとちぎ.栃木県環境森林部自然環境課,栃木県立博物館編,随想社,栃木.

Ueno S (1952) New cave-dwelling trechids of Japan (Coleoptera, Harpalidae). MUSHI 24: 13-17.

Ueno, S. (1970). The cave trechines (Coleoptera, Trechinae) of Kumamoto Prefecture in Southwest Japan. Bull. natn. Sci. Mus., Tokyo, 13, 91-116.

Ueno, S. 1974. The cave trechines (Coleoptera, Trechinae) of the Abukuma Hills in east Japan. Bulletin of the National Science Museum, Tokyo 17: 105-116, 2 folders.

上野俊一(1985)チビゴミムシ亜科.上野俊一,黒沢良彦,佐藤正孝編 原色日本甲虫図鑑(2).保育社,pp.64-88.

Ueno S (1988) The Kurasawatrechus (Coleoptera, Trechinae) fof the Yamizo Range, Central Japan. Elytra 16 (2): 107-116.

Ueno S (1992) A New Anophthalmic Trechiama (Coleoptera, Trechinae) from Central Hokkaido, Northeast Japan. Elytra 20: 137-143

上野俊一(2007)対馬に分布する盲目のチビゴミムシ類. Elytra, 35(2), 385-399.

上野俊一(2008)九州東部に分布するウスケメクラチビゴミムシ類. Elytra, 36(2), 369-376.

酒井雅博,原 有助(2014)カワサワメクラチビゴミ

ムシ.愛媛県レッドデータブック 愛媛県の絶滅のおそれのある野生生物.愛媛県. http://www.pref.ehime.jp/reddatabook2014/detail/05_12_002300_1.html

酒井雅博,原 有助,菅谷和希(2014)ヒサマツメクラチビゴミムシ.愛媛県レッドデータブック 愛媛県の絶滅のおそれのある野生生物.愛媛県. http://www.pref.ehime.jp/reddatabook2014/detail/05_12_015990_5.html

Naitô, T (2022) New Species and New Subspecies of the Genus Rakantrechus S. Ueno, 1951 (Coleoptera, Carabidae, Trechini) from Western Japan. Elytra New Series 12(1): 117-135

Naitô, T (2022) Contribution to the Knowledge of the Rakantrechus Complex (Coleoptera, Carabidae, Trechini), with Description of a New Subgenus and a New Species of the Genus Nipponaphaenops S. Uéno, 1971 from Northwestern Shikoku, Western Japan. Bulletin of the National Museum of Nature and Science. Series A, Zoology, 48(3), 119-138.

上野俊一(1988)チビゴミムシ類の分布と分化.佐藤正孝編 日本の甲虫 その起源と種分化をめぐって.東海大学出版会P33-51

甲虫目オサムシ科チビゴミムシ亜科ミズギワゴミムシ族

Ueno, S (1971) A new anophthalmic bembidiine (Coleoptera, Bembidiinae) discovered in Northern Japan. Nouvelle Revue d'Entomologie 1: 145-154.

上野俊一(1972)メクラミズギワゴミムシ属の第二の種.国立科学博物館専報5: 107-110.

森田誠司(1985)ミズギワゴミムシ亜科.上野俊一,黒沢良彦,佐藤正孝編 原色日本甲虫図鑑(2).保育社,pp.89-101.

甲虫目オサムシ科ゴモクムシ亜科

長谷川道明ほか(2009)ホラズミヒラタゴミムシ.愛知県編 レッドデータブックあいち2009. p.329

入江照雄(1997)暗闇に生きる動物たち 解説編.自費

出版, p.105

岸本年郎（2015）ジャアナヒラタゴミムシ. p.232. In:日本の絶滅のおそれのある野生生物　Red Data Book 2014 5 昆虫. 環境省編, 株式会社ぎょうせい, 東京.

松尾照男（2014）イキツキオオズナガゴミムシ. 長崎県環境部自然環境課編　長崎県レッドデータブック. 長崎新聞社 p.152.

Morita S and Ohkawa H（2010）A new Pterostichus（Coleoptera, Carabidae）from Gifu Prefecture, Central Japan. Elytra 38: 99–103

Morita, S（2001）A new Pterostichus（Coleoptera, Carabidae）from Western Kyushu,West Japan. Japanese journal systematic entomology, 7（1）: 35–39.

田中和夫（1985）ナガゴミムシ亜科. 上野俊一, 黒沢良彦, 佐藤正孝編　原色日本甲虫図鑑（2）. 保育社, pp.105–135.

甲虫目コツブゲンゴロウ科 ホソコツブゲンゴロウ亜科

中島 淳, 林 成多, 石田 和男, 北野 忠, 吉富 博之（2020）ネイチャーガイド日本の水生昆虫. 文一総合出版, 352pp.

北山昭（1996）地下水生ゲンゴロウ採集覚え書き. ねじればね 73: 1–3.

甲虫目ハネカクシ科ハネカクシ亜科

亀澤洋（2011）フジツヤムネハネカクシを三ツ峠山で採集. SAYABANE New Series 1: 15.

丸山宗利（2015）リュウノイワヤツヤムネハネカクシ. p.31. In: 日本の絶滅のおそれのある野生生物　Red Data Book 2014 5　昆虫. 環境省編, 株式会社ぎょうせい, 東京.

柴田泰利・丸山宗利・保科英人・岸本年郎・直海俊一郎・野村周平・Volker Puthz・島田孝・渡辺泰明・山本周平（2013）日本産ハネカクシ科総目録（昆虫綱：甲虫目）. Reprinted from Bulletin of the Kyushu University Museum No. 11 pp. 69–218

酒井雅博（2014）ラカンツヤムネハネカクシ. 愛媛県レッドデータブック　愛媛県の絶滅のおそれのある野生生物. 愛媛県. http://www.pref.ehime.jp/reddatabook2014/detail/05_08_002360_8.html

Uéno, S and Watanabe, Y（1966）The subterranean staphylinid beetles of the genus Quedius from Japan. Bulletin of the National Science Museum, 9, 321–337.

Uéno, S and Watanabe, Y（1970）More cave species of the genus Quedius（Coleoptera,Staphylinidae）from southwest Japan. Buu. Nlat. Sci. Mus., Tokyo, l3 : 9–20.

渡辺泰明（2004）ミヤマヒラタハネカクシ種群（甲虫目ハネカクシ科）に含まれる2種の採集記録. 甲虫ニュース 146: 11–12.

甲虫目ハネカクシ科アリガタハネカクシ亜科

Sato, Y., & Maruyama, M（2023）Taxonomy of the Lathrobium nomurai group（Coleoptera: Staphylinidae）from Northern Kyushu, Japan, with descriptions of two new species. Acta Entomologica Musei Nationalis Pragae, 63（1）, 111-124.

SENDA, Y（2020）A New Apterous Rove Beetle, Lathrobium hibagon（Coleoptera: Staphylinidae: Paederinae）, from Western Honshu, Japan. Japanese Journal of Systematic Entomology, 26（1）, 183–189.

甲虫目タマキノコムシ科チビシデムシ亜科

Hayashi, Y（1985）New species of Catopidae from Shikoku, Japan（Coleoptera）. Transactions of the Shikoku Entomological Society 17:1–4

林基閑, 久松定知（1985）チビシデムシ科. 上野俊一, 黒沢良彦, 佐藤正孝編　原色日本甲虫図鑑（2）. 保育社, pp.241–245.

Hoshina, H（2008）A new blind genus of the tribe Pseudoliodini（Coleoptera, Leiodidae）from Japan, with descriptions of three new species. Journal of the Speleological Society of Japan, 33: 11–27.

丸山宗利（2016）だから昆虫は面白い：くらべて際立つ多様性. 東京書籍, pp.127.

Nishikawa M, Fujitani Y, Miyata T.A., Miyata T.O（2011）

Catops hisamatsui (Coleoptera, Leiodidae, Cholevinae) Captured by a Car-net. Elytra, New Series 1: 46.

甲虫目ガムシ科ハバビロガムシ亜科

熊本県希少野生動植物検討委員会（2009）改訂・熊本県の保護上重要な野生動植物−レッドデータブックくまもと2009−．597pp. 熊本県環境生活部自然保護課，熊本．

Sato, M（1984）A new Cercyon（Coleoptera, Hydrophilidae）found in a Japanese cave. Journal of the Speleological Society of Japan 9: 1−4.

佐藤正孝（1985）ガムシ科．上野俊一，黒沢良彦，佐藤正孝編　原色日本甲虫図鑑（2）．保育社，pp.209−216.

甲虫目コガネムシ科マグソコガネ亜科

三宅武，西田光康，羽田孝吉，堤内雄二，野崎敦士（2005）西日本のMozartius属各種の分布概況．Kogane, Tokyo 6: 53−57.

小幡幸正（2009）ダルママグソコガネの記録．SAIKAKU TSUSHIN 18: 41−42.

大塩一郎（2007）東京都西部のコナラ優先林内におけるダルママグソコガネの消長（1）〜冬から夏へ〜．SAIKAKU TSUSHIN 15: 13−17.

鱗翅目ヤガ科

那須義次，枝恵太郎，富沢章，佐藤顕義，& 勝田節子（2016）コウモリのグアノを摂食するチョウ目昆虫の日本からの発見．昆蟲．ニューシリーズ，19（3），77−85.

Sano, A（2006）Impact of predation by a cave-dwelling bat, Rhinolophus ferrumequinum, on the diapausing population of a troglophilic moth, Goniocraspidum preyeri. Ecological Research, 21（2），321−324.

矢田脩（2007）新訂原色昆虫大図鑑第Ⅰ巻（蝶・蛾篇）．北隆館，460p

直翅目カマドウマ科

和田一郎，佐藤祐治（2018）昆虫類バッタ目．pp.284−299. In: 埼玉県 環境部みどり自然課（編）埼玉県レッドデータブック2018（第4版）．埼玉県環境部みどり自然課，さいたま．

杉本雅志（2006）カマドウマ科．pp.361−392. In: バッタ・コオロギ・キリギリス大図鑑．日本直翅類学会編，北海道大学出版会，北海道．

Sugimoto, M and Ichikawa, A（2003）Review of Rhaphidophoridae（excluding Protogrophilinae）（Orthoptera）of Japan. Tettigonia 5: 1−48.

網翅目ホラアナゴキブリ科

朝比奈正二郎（1974）琉球列島産の洞窟性ゴキブリ類．国立科学博物館専報 7: 145−156.

市川顕彦（2015）ミヤコホラアナゴキブリ．p.191. In: 日本の絶滅のおそれのある野生生物　Red Data Book 2014. 5 昆虫．環境省編，株式会社ぎょうせい，東京．

市川顕彦（2015）キカイホラアナゴキブリ．p.454. In: 日本の絶滅のおそれのある野生生物　Red Data Book 2014. 5 昆虫．環境省編，株式会社ぎょうせい，東京．

網翅目チャバネゴキブリ科

市川顕彦（2015）ミヤコモリゴキブリ．p.454. In: 日本の絶滅のおそれのある野生生物　Red Data Book 2014. 5 昆虫．環境省編，株式会社ぎょうせい，東京．

杉本雅志，小松貴，内田晃士，盛口満（2018）モリゴキブリ類数種の知見．琉球の昆虫 42: 200−201.

ガロアムシ目ガロアムシ科

市川顕彦（2015）イシイムシ．p.82. In: 日本の絶滅のおそれのある野生生物　Red Data Book 2014. 5 昆虫．環境省編，株式会社ぎょうせい，東京．

市川顕彦（2015）チュウジョウムシ．p.456. In: 日本の

絶滅のおそれのある野生生物　Red Data Book 2014. 5
昆虫．環境省編，株式会社ぎょうせい，東京．
中浜直之（2017）瀬戸内に浮かぶ"鬼ヶ島"で50年以
上見つかっていなかった幻の昆虫を探せ！academist
Journal（https://academist-cf.com/journal/?p=593）
内舩俊樹（2015）百年目のガロアムシ．昆虫と自然 50:
5-8.

シミ目メナシシミ科

町田龍一郎（2015）シミ目．青木淳一（編），日本産 土壌
動物第二版：分類のための図解検索，pp. 1541-1551,
東海大学出版会，神奈川．

トビムシ目トゲトビムシ科

一澤圭ほか（2015）トビムシ目（粘管目）．青木淳一編
日本産土壌動物第二版：分類のための図解検索．
pp.1093-1482

コムシ目ナガコムシ科

平嶋義宏（2017）図説日本の珍虫世界の珍虫．北隆館，
588p.
中村修美（2015）コムシ目（双尾目）．青木淳一編　日本
産土壌動物第二版：分類のための図解検索．pp.1531-
1538
Sendra, A., Yoshizawa, K., and Lopes Ferreira, R（2018）
New oversize troglobitic species of Campodeidae in Japan
（Diplura）. Subterranean Biology, 27, 53-73.
財団法人日本野生生物研究センター（1980）第2回自
然環境保全基礎調査　動物分布調査報告書（昆虫類）.
東京，1-267.

クモ目イボブトグモ科

長野宏紀，長谷川貴浩（2016）クメジマイボブトグモ
の再発見及び巣の形態について．Kishidaia 108: 16-19

下謝名松榮（2005）クメジマイボブトグモ．沖縄県編
改訂・沖縄県の絶滅のおそれのある野生生物動物編．
p.294
下謝名松榮，小野展嗣（2009）イボブトグモ科．pp.96.
In: 日本産クモ類．小野展嗣編，東海大学出版会，神奈川．
Shimojana, M. & Haupt, J（2000）A new Nemesiid spider
（Arachnida, Araneae）from the Ryukyu Archipelago, Japan.
Zoosystema, 22: 709-717.

クモ目ホラヒメグモ科

足立高行ほか（2001）カリュウホラヒメグモ．レッド
データブックおおいた．大分県，p.427足立高行ほか
（2001）フウレンホラヒメグモ．レッドデータブックおお
いた．大分県，p.426
遠藤克彦ほか（2002）オフクホラヒメグモ．山口県編
レッドデータブックやまぐち．http://eco.pref.yamaguchi.jp/
rdb/html/09/090002.html
入江照雄（1987）九州のホラヒメグモ類．Journal of the
Speleological Society of Japan 12: 14-23.
加村隆英，入江照雄（2009）ホラヒメグモ科．Pp345-
355. In: 日本産クモ類．小野展嗣編，東海大学出版会，
神奈川．
西川喜朗（2014）フジホラヒメグモ．p.32. In: 日本の
絶滅のおそれのある野生生物　Red Data Book 2014 7
その他無脊椎動物（クモ型類・甲殻類等）．環境省編，
株式会社ぎょうせい，東京．
奥村賢一（2012）ウンゼンホラヒメグモ．p.137. In:
Red Data Book 2011 長崎県レッドデータブック．長崎県
環境部自然環境課編，長崎新聞社，長崎．
須賀英文ほか（2009）ミカワホラヒメグモ．愛知県編
レッドデータブックあいち2009. p.418

クモ目マシラグモ科

入江照雄，小野展嗣（2009）マシラグモ科．pp113-120.
In: 日本産クモ類．小野展嗣編，東海大学出版会，神奈川．
Komatsu, T（1972）Two new cave spiders from Okinawa

Island genera Falcileptoneta and Masirana, Leptonetidae. Acta Arachnologica 24: 82-85

クモ目ナミハグモ科

入江照雄（1998）九州洞窟産の眼のないナミハグモ属の1新種. Acta Arachnologica, 47: 97-100.

西川喜朗（2014）イツキメナシナミハグモ. p.13. In: 日本の絶滅のおそれのある野生生物　Red Data Book 2014.7その他無脊椎動物（クモ型類・甲殻類等）. 環境省編, 株式会社ぎょうせい, 東京.

井原庸（2009）ナミハグモ科. pp152-168. In: 日本産クモ類. 小野展嗣編, 東海大学出版会, 神奈川.

クモ目サラグモ科

Saito, H（1977）A new spider of the genus Porrhomma（Araneae : Linyphiidae）from caves of Tochigi Prefecture, Japan. Acta Arachnologica, 27: 48-52

Yaginuma, T., and Saito, H（1981）A new cave spider of the genus Porrhomma（Araneae, Linyphiidae）found in a limestone cave of Shikoku, southwest Japan. Journal of the Speleological Society of Japan, 6, 33-36.

小野展嗣, 松田まゆみ, 斉藤博（2009）サラグモ科. pp.253-342. In: 日本産クモ類. 小野展嗣編, 東海大学出版会, 神奈川.

山本一幸（2017）兵庫県のクモ類分布資料　上山高原・扇ノ山・霧ヶ滝. ウィ但馬 1:2-3.

ヤイトムシ目ヤイトムシ科

下謝名松榮（2015）ヤイトムシ目. 青木淳一編　日本産土壌動物第二版：分類のための図解検索. pp.725-728

島野智之・佐々木健志（2023）日本産ヤイトムシ目（クモガタ類）4種の和名と学名の整理（新称の提案を含む）. Edaphologia 112: 37-38.

カニムシ目ツノカニムシ科

入江照雄（1997）暗闇に生きる動物たち　写真編. 自費出版, p.59

Morikawa K（1954）On some pseudoscorpions in Japanese Lime-Grottoes. Mem Ehime 11 Univer B 2: 79-87.

Morikawa K（1960）. Systematic studies of Japanese pseudoscorpions. Mem Ehime Univer 13 B 4: 85-172.

毛利俊樹（2014）ラカンツノカニムシ. 愛媛県レッドデータブック　愛媛県の絶滅のおそれのある野生生物. 愛媛県. http://www.pref.ehime.jp/reddatabook2014/detail/06_12_013800_8.html

Okabe et al.（2018）Tick predation by the pseudoscorpion Megachernes ryugadensis（Pseudoscorpiones: Chernetidae）, associated with small mammals in Japan. Journal of the Acarological Society of Japan, 27（1）, 1-11.

カニムシ目ツチカニムシ科・ヤドリカニムシ科

佐藤英文, 坂寄廣（2015）カニムシ目. 青木淳一編　日本産土壌動物第二版：分類のための図解検索. pp.105-118

ザトウムシ目カマアカザトウムシ科・ブラシザトウムシ科

下謝名松榮（2005）オヒキコシビロザトウムシ. 沖縄県編　改訂・沖縄県の絶滅のおそれのある野生生物動物編. p.295-296

下謝名松榮（2005）クメコシビロザトウムシ. 沖縄県編　改訂・沖縄県の絶滅のおそれのある野生生物動物編. p.296

Suzuki, S（1967）A remarkable new phalangodid, Parabeloniscus nipponicus（Phalangodidae, Opiliones, Arachnida）from Japan. Annotationes Zoologicae Japonenses, 40（4）: 194-199.

Suzuki, S（1974）The Japanese Species of the Genus Sabacon（Arachnida, Opiliones, Ischyropsalididae）. J. Sci. Hiroshima Univ., Ser. B, Div. 25: 83-108.

鶴崎展臣（2014）クメコシビロザトウムシ．p.29. In: 日本の絶滅のおそれのある野生生物　Red Data Book 2014 7 その他無脊椎動物（クモ型類・甲殻類等）．環境省編，株式会社ぎょうせい，東京．

鶴崎展臣，鈴木正将（2015）ザトウムシ目．青木淳一編 日本産土壌動物第二版：分類のための図解検索．pp.121–145

ダニ目アギトダニ科・ウシオダニ科

安倍弘（2005）海に住むダニ：ウシオダニ類の紹介．タクサ：日本動物分類学会誌，18, 30–33.

今村泰二（1977）日本の地下水生ミズダニ類の研究展望．pp.9–81. In: 佐々學，青木淳一編，ダニ学の進歩－その医学・農学・獣医学・生物学にわたる展望－．図鑑の北隆館，東京．

Morikawa, K（1963）Terrestrial prostigmatic mites from Japan（I）Some new species of Eupodidae and Rhagidiidae. Acta Arachnologica 18: 13–20.

Strandtmann, RW（1971）The eupodoid mites of Alaska. Pacific Insects, 13: 75–118.

上野俊一（1991）第4章　富士山の洞窟生物相とその成立．pp. 45–55. In: 裾野市教育委員会編　裾野市文化財調査報告第5集　富士南麓の溶岩洞窟－裾野市を中心に－．裾野市，静岡．

江原昭三（1980）日本ダニ類図鑑．全国農村教育協会，562pp.

ミュージアムパーク茨城県自然博物館．2006. 茨城県自然博物館収蔵品目録動物標本目録第2集 今村泰二コレクション：ミズダニ類．53 pp.，ミュージアムパーク茨城県自然博物館

オビヤスデ目オビヤスデ科

桑原幸夫（2018）多足類．pp.327–335. In: 埼玉県 環境部みどり自然課（編）埼玉県レッドデータブック2018（第4版）．埼玉県環境部みどり自然課，さいたま．

Irie, T（1974）A new cave millipede of the genus Prionomatis from Central Kyushu, Japan. Annotationes

Zoological Japonenses 47: 267–272.

入江照雄（1997）洞窟に魅せられて35年　暗闇に生きる動物たち．自費出版, p. 324

Komatsu, T（2015）四国東部の地下浅層から採集された日本産真洞窟性ヤスデの記録. Edaphologia,（97）, 43–45.

Murakami, Y（1969）Two new species of polydesmid millipeds from limestone caves in Tokushima Prefecture. Annotationes zoologicae japonenses 42: 30–35

Murakami, Y（1970）More new found species of Epanerchodus（Diplopoda, Polydesmidae）found in limestone caves of Eastern Shikoku, Japan. Annotationes zoologicae japonenses 43: 151–157

Murakami, Y（1973）Two new cave millipeds from southwest Japan. Annotationes zoologicae japonenses 46: 199–204

Murakami, Y and Irie, T（1975）Geographical differentiation of the cave milliped, Prionomatis nanaoredense. Annotationes Zoological Japonenses 48: 183–190

高桑良興（1954）日本産倍足類総説．日本学術振興会，東京．241pp.

篠原圭三郎（1973）富士溶岩洞の動物相－13－倍脚類および唇脚類．国立科学博物館研究報告，16（2）: 217–251.

石井清（2003）ヤスデ綱・ムカデ綱. pp. 163–166 In: 環境省自然環境局 生物多様性センター（編）生物多様性調査生態系多様性地域調査（富士北麓地域）報告書. 275pp.

Murakami, Y（1995）The group of Epanerchodus bidens（Diplopoda, Polydesmidae）. Special Bulletin of the Japanese Society of Coleopterology,（4）: 151–171. Tokyo.

西川喜朗・村上好央（1994）日本産倍脚類の分布記録（III）. 追手門学院大学文学部紀要,（29）: 207–225. 茨木，大阪．

高島春雄，芳賀昭治（1956）日本産洞窟棲ヤスデの研究．山階鳥類研究所研究報告 8: 329–343.

篠原圭三郎，田辺力，Z. コルソス（2015）ヤスデ綱（倍脚目）. 青木淳一編　日本産土壌動物第二版：分類のための図解検索. pp.943–984

高野光男（2014）リュウオビヤスデ．p.77. In: 日本の絶滅のおそれのある野生生物　Red Data Book 2014 7

その他無脊椎動物（クモ型類・甲殻類等）. 環境省編，株式会社ぎょうせい，東京.

髙島春雄，芳賀昭治（1956）日本産洞窟棲ヤスデの研究. 山階鳥類研究所研究報告, 1: 329-343.

佐藤正孝，岩崎博（2002）洞窟性無脊椎動物. P. 205-211. In: 愛知の動物（愛知文化シリーズ）. 佐藤正孝編，愛知県郷土資料刊行会，愛知.

ヒメヤスデ目ホタルヤスデ科・カザアナヤスデ科

Vagalinski, B., Meng, K., Bachvarova, D and Stoev, P（2018）A redescription of the poorly known cave millipede Skleroprotopus membranipedalis Zhang, 1985（Diplopoda, Julida, Mongoliulidae）, with an overview of the genus Skleroprotopus Attems, 1901. Subterranean Biology, 26, 55.

ムカシエビ目オナガムカシエビ科

Ueno, M（1952）Three new species of Bathynellidae（Syncarida）found in subterranean waters of Japan. Annot. Zool. Japon. 25: 317-328

上野益三（1969）ムカシエビ目の分類と系統. 動物分類学会会報 42: 2-5.

Jan Drewes and Horst Kurt Schminke（2011）Number of families within Bathynellacea（Malacostraca）and year of publication of their names, with redescription of Baicalobathynella magna（Bazikalova, 1954）from Lake Baikal. Crustaceana 84（11）: 1377-1401.

ワラジムシ亜目ナガワラジムシ科

小松貴 & 布村昇（2019）ホンドワラジムシ Hondoniscus kitakamiensis Vandel の岩手県岩泉町の地下浅層からの発見と再記載. 富山市科学博物館研究報告= Bulletin of the Toyama Science Museum,（43）, 23-27.

布村昇（2014）ホンドワラジムシ. p.15. In: 日本の絶滅のおそれのある野生生物 Red Data Book 2014 7 その他

無脊椎動物（クモ型類・甲殻類等）. 環境省編，株式会社ぎょうせい，東京.

布村昇（2015）ワラジムシ目（等脚目）. 青木淳一編 日本産土壌動物第二版: 分類のための図解検索. pp.997-1066

布村昇 & 小松貴.（2018）岩手県岩泉町宇霊羅山から発見されたホンドワラジムシ属の1新種. 富山市科学博物館研究報告 = Bulletin of the Toyama Science Museum,（42）, 35-39.

布村昇，中里直哉，小松貴，渡辺修二（2021）岩手県盛岡市繋の地下浅層からのホンドワラジムシ Hondoniscus kitakamiensis Vandel（甲殻亜門，軟甲綱，等脚目，ナガワラジムシ科）の発見. 岩手県立博物館研究報告38: 17-21.

等脚目ミズムシ亜目ミズムシ科

Matsumoto, K（1956）On the two new subterranean water isopods, Mackinia japonica gen. et sp. nov. and Asellus hubrichti, sp. nov. Bulletin of the Japanese Society for Science and Fisheries 21: 1219-1225.

Matsumoto, K（1960）Subterranean isopods of the Kyushu district, with the descriptions of three new species. Bulletin of the Biogeographical Society of Japan, 22: 1-44.

Matsumoto, K（1960）Subterranean isopods of the Shikoku Distict, with the descriptions of three new species. Bulletin of the Biogeographical Society of Japan, 22: 1-17

Matsumoto, K（1961）The subterranean isopods of Honshu with the descriptions of four new species. Bulletin of the Biogeographical Society of Japan, 22: 45-67.

松本浩一（1986）等脚類. Pp.473-487. In: 川村多実二，上野益三編，日本淡水生物学. 図鑑の北隆館，東京.

下村通誉（2016）日本産ミズムシ亜目の分類. Cancer 25: 109-112

篠田授樹，村田菜菜，服部睦子（2004）東京都の湧水等に出現する地下水生生物の調査報告書. とうきゅう環境浄化財団研究助成成果報告書 164:1-49.

Wilson, G. D（1994）A phylogenetic analysis of the isopod family Janiridae（Crustacea）. Invertebrate Systematics, 8

（3）, 749-766.

端脚目メクラヨコエビ科

Akatsuka, K. and Komai, T（1922）Pseudocrangonyx, a new genus of subterranean amphipods from Japan. Annot. Zool. Jpn. 10: 119-126.

Holsinger J. R（1972）The Freshwater Amphipod Crustaceans（Gammaridae）of North America.

Biota of Freshwater Ecosystems Identification Manual No.5, pp.28-47.

森野浩（2015）ヨコエビ目（端脚目）. 青木淳一編　日本産土壌動物第二版：分類のための図解検索. pp.1069-1089

篠田授樹（2006）東京都の湧水等に出現する地下水生生物の調査. 研究助成・一般研究 VOL.28-NO.164 :1-49

Tomikawa, K & Nakano, T（2018）Two new subterranean species of Pseudocrangonyx Akatsuka & Komai, 1922（Amphipoda: Crangonyctoidea: Pseudocrangonyctidae）, with an insight into groundwater faunal relationships in western Japan. Journal of Crustacean Biology, 38（4）, 460-474.

Tomikawa, K., Morino, H., & Ohtsuka, S（2008）Redescription of a subterranean amphipod, Pseudocrangonyx shikokunis（Crustacea: Amphipoda: Pseudocrangonyctidae）from Japan. Species diversity: an international journal for taxonomy, systematics, speciation, biogeography, and life history research of animals, 13（4）, 275-286.

富川光, 森野浩（2012）日本産淡水ヨコエビ類の分類と見分け方. タクサ：日本動物分類学会誌,（32）, 39-51.

Tomikawa, K., Nakano, T., Sato, A., Onodera, Y., & Ohtaka, A（2016）A molecular phylogeny of Pseudocrangonyx from Japzan, including a new subterranean species（Crustacea, Amphipoda, Pseudocrangonyctidae）. Zoosystematics and Evolution, 92, 187.

端脚目ナギサヨコエビ科

Shintani, A., Lee, C. W., & Tomikawa, K（2022）Two new species add to the diversity of Eoniphargus in subterranean

waters of Japan, with molecular phylogeny of the family Mesogammaridae（Crustacea, Amphipoda）. Subterranean Biology, 44, 21-50.

ウズムシ目ヒラタウズムシ科

Ichikawa, A & Kawakatsu, M（1967）Records of two planarian sprecies of the family Kenkiidae from Japanese subterranean waters. Archiv für Hydrobiologie 63: 512-519.

川勝正治（2014）カントウイドウズムシ. p.6. In: 日本の絶滅のおそれのある野生生物　Red Data Book 2014. 7 その他無脊椎動物. 環境省編, 株式会社ぎょうせい, 東京.

川勝正治（2014）ソウヤイドイドウズムシ. p.24. In: 日本の絶滅のおそれのある野生生物　Red Data Book 2014. 7 その他無脊椎動物. 環境省編, 株式会社ぎょうせい, 東京.

佐々木玄祐（2002）プラナリア原figs 図説（川勝正治）. http://www2u.biglobe.ne.jp/~gen-yu/plaj_list.html

末永崇之, 渡辺修二, 柳澤忠昭, 升屋勇人（2018）オソノエラ洞穴地底湖に生息するプラナリアの遺伝学的系統. 岩手県立博物館研究報告 = Bulletin of the Iwate Prefectural Museum,（35）, 9-14.

吸腔目カワザンショウガイ科

福田宏（2015）ホラアナゴマオカチグサ. 岡山県版レッドデータブック 2009, 岡山県. http://www.pref.okayama. jp/seikatsu/sizen/reddatabook/pdf/a302.pdf

黒住耐二（2005）ホラアナゴマオカチグサ. レッドデータブック栃木, 栃木県. http://www.pref.tochigi.lg.jp/shizen/sonota/rdb/detail/17/0006.html

黒田徳米・波部忠重（1958）日本の洞窟並に地下水産巻貝類. Venus, 19（3・4）: 183-193.

増野和幸・川野敬介（2017）下関市豊田町の陸産・淡水産貝類. 豊田ホタルの里ミュージアム研究報告書 9 : 7-49

中井克樹（2015）ホラアナゴマオカチグサ. 京都府レッ

ドデータブック 2015, 京都府. http://www.pref.kyoto.jp/kankyo/rdb/bio/db/gshel0004.html

腹足綱吸腔目ヌマツボ科

岡藤五郎, 初鹿 了 (1979) Bythinella 属貝の山口県西部における分布状況. 日本医事新報 2891: 31-34.

波部忠重 (1961) 地下水産の 2 新巻貝. Venus 21 (3): 274-278.

有肺目キセルガイ科

浜田善利 (1967) 鍾乳洞内のキセルガイ：イシカワギセルとカザアナギセル. ちりぼたん 4: 133-136.

湊宏 (2014) イシカワギセル. p.123. In: 日本の絶滅のおそれのある野生生物　Red Data Book 2014 6　貝類. 環境省編, 株式会社ぎょうせい, 東京.

湊宏 (2014) カザアナギセル. p.126. In: 日本の絶滅のおそれのある野生生物　Red Data Book 2014. 6 貝類. 環境省編, 株式会社ぎょうせい, 東京.

西野宏, 松本達也 (2009) 8. 陸産貝類. 改訂・熊本県の保護上重要な野生動植物. ― レッドデータブックくまもと 2009 ―.　p. 402-417.

地下の暗闇に生きるものたち

上野俊一, 鹿島愛彦 (1978)『洞窟学入門―暗黒の地下世界をさぐる』(講談社)

野村周平 (1998)『地面の下の甲虫 日本動物大百科10 昆虫 3』pp.104-105

横山直吉退職記念出版会 (1982)『平尾台の石灰洞』(日本洞窟学会)

吉井良三 (1988)『洞穴学ことはじめ』(岩波書店)

地下性生物はどのように種分化したか？

Vasile Decu; Magdalena Gruia; S. L. Keffer; Serban Mircea Sarbu (1994) "Stygobiotic Waterscorpion, Nepa anophthalma, n. sp. (Heteroptera: Nepidae), from a Sulfurous Cave in Romania". Annals of the Entomological Society of America. 87 (6): 755-761

見山博 (2011)『暗闇の生きもの摩訶ふしぎ図鑑』(保育社)

Murakami, Y (1970) More new species of Epanerchodus (Diplopoda, Polydesmidae) found inlimestone caves of Eastern Shikoku, Japan. Annotationes Zoologicae Japonenses, 43：151－157

上野俊一 (1986)『特殊環境と生活. 森本　桂・林　長閑 (編) 原色日本甲虫図鑑 1』pp. 113-121 (保育社)

上野俊一 (1988)『チビゴミムシ類の分布と分化. 佐藤正孝編　日本の甲虫　その起源と種分化をめぐって』(東海大学出版会) pp. 33-51

酒井雅博 (2016)『地下浅層と昆虫. 昆虫と自然 6』pp. 2-4

闇に輝く小さな宝石

見山博 (2011)『暗闇の生きもの摩訶ふしぎ図鑑』(保育社)

Uéno, S.I (2007) Two new cave trechines (Coleoptera, Trechinae) from western Zhejiang, East China. Journal of the Speleological Society of Japan 32: 9-22.

Ueno, S (2007) Blind trechine beetles (Coleoptera, Trechinae) from the Tsushima Islands, West Japan. Elytra, 35: 385-399

Ueno, S (2008) The blind trechines of the subgenus Pilosotrechiama (Coleoptera, Trechinae) from Eastern Kyushu, Southwest Japan. Elytra, 36: 369-376.

地下の水中に住む生き物

今村泰二 (1977) 日本の地下水生ミズダニ類の研究展望. pp.9-81. In: 佐々學, 青木淳一編, ダニ学の進歩―その医学・農学・獣医学・生物学にわたる展望―. 図鑑の北隆館, 東京.

下村通誉 (2016) 日本産ミズムシ亜目の分類. Cancer 25: 109-112

入江照雄 (1997) 暗闇に生きる動物たち　写真編. 自費出版, p.59

吉井良三 (1988) 洞窟学ことはじめ. 岩波書店, p.200

あとがき

　日本の地下世界だけに潜む、陸の深海生物たち。彼らの多くは特定の地域に根付き、地球上でそこにしか存在しない生物として進化した。その分布は、これまでこの国土が経験してきた地史を多分に反映している。そんな「生きた歴史書」のページは、今日人間の手によって凄まじきスピードで蝕まれ、惨めに破られ、失われつつある。

　ナントカ時代もの昔の古文書を、無碍に踏みにじりゴミ箱に投げ捨てる者はおるまい。カントカ時代の遺跡が敷地内から出れば、巨額を投じた建設工事も一時中断し、一定の配慮くらいは為される。人類史以前より連綿と積み重なる生物たちの歴史とて、人間風情の作った史跡遺構と同等以上に手厚くもてなしてもバチは当たらないはずだ。そういう物の考え方をするのは、世の中で私くらいなのだろうか。

　メクラチビゴミムシは、町おこしのマスコットにも客寄せにも使えない。今後も決してテレビの自然番組では紹介されず、たまにインターネット上で「メクラチビゴミムシとかいう虫の名前ひどすぎワロタwww」などの下衆な取り上げ方をされるのが関の山だ。しかし、それが彼らの存在を軽んじてもよい理由にはならない。賢者ソロモン王の人生最大のピンチを一匹のミツバチが救ったように、ゴミム

シやゲジゲジが何かの拍子に、人類社会に山積する諸問題を解決する糸口を教えてくれるかも知れないのだから。

　現に私自身、地下性生物の魅力に憑りつかれたが故に、これまで交流のなかった様々な人々と出会い、多くを学ぶ機会を経た。眼のないムシたちが、私の狭い視野をこじ開けて広げてくれたのだ。こんな素晴らしくも愉快な話が、他にあるか。

　本書作成にあたり、Alberto Sendra、Rodrigo Lopes Ferreira、池澤広美、礒崎暢子、伊藤研、内田晃士、柿添翔太朗、門脇和也、金尾太輔、川野敬介、河野太祐、岸本年郎、小西和彦、佐藤歩、佐藤美恵子、下山良平、菅谷和希、杉本雅志、胎中悠丞、新部一太郎、服部充、林成多、原有助、福富宏和、藤川将之、藤野勇馬、堀繁久、丸山宗利、森英章、吉澤和徳、吉冨博之、若松香織（敬称略）、熊本県上益城郡山都町布勢集落の皆様には、情報提供ならびに生物探索において多大にお世話になった。亀澤洋、菜原良輔、坂本佳子（敬称略）には内容に関し有益な助言を賜った。環境省、林野庁、熊本県五木村役場、熊本県球磨村役場、熊本県球磨村森林組合、国土交通省川辺川ダム砂防事務所、香川県女木島観光協会、美祢市立秋吉台科学博物館には、生物探索ならびに採集の許可を頂いた。この場を借りて厚く御礼申し上げます。

著者：小松 貴

1982年生まれ。信州大学大学院博士課程を修了後、国立科学博物館協力研究員などを経て、現在在野の昆虫学者として活動。著書に『裏山の奇人』（東海大学出版部）、『昆虫学者はやめられない』（新潮社）など。

イラスト・漫画：じゅえき太郎

イラストレーター・漫画家・絵本作家。身近な虫をモチーフにさまざまな作品を制作している。著書に『ゆるふわ昆虫図鑑』（宝島社）、『ゆるふわ昆虫図鑑 ボクらはゆるく生きている』（KADOKAWA）など多数。

陸の深海生物　日本の地下に住む生き物

2023年11月30日　初版第1刷発行
2023年12月25日　初版第2刷発行

発 行 者　斎藤 博
発 行 所　株式会社 文一総合出版
　　　　　〒162-0812　東京都新宿区西五軒町 2-5
　　　　　tel. 03-3235-7341（営業）　03-3235-7342（編集）
　　　　　fax. 03-3269-1402
　　　　　https://www.bun-ichi.co.jp/
振　　替　00120-5-42149
印　　刷　奥村印刷株式会社
デザイン　窪田 実莉